U0351780

最好的健康
在餐桌上

【老中医帮你开菜单】

陈咏德 / 编著

天津出版传媒集团

天津科学技术出版社

图书在版编目（CIP）数据

最好的健康在餐桌上：老中医帮你开菜单 / 陈咏德编著 . —天津：天津科学技术出版社，2014.2

ISBN 978-7-5308-8733-2

Ⅰ．①最… Ⅱ．①陈… Ⅲ．①保健－食谱 Ⅳ．① TS972.161

中国版本图书馆 CIP 数据核字（2014）第 009601 号

责任编辑：王朝闻

责任印制：张军利

天津出版传媒集团

天津科学技术出版社

出版人：蔡颢

天津市西康路 35 号　邮编 300051

电话（022）23332695

网址：www.tjkjcbs.com.cn

新华书店经销

北京毅峰迅捷印刷有限公司印刷

开本 710×1000 1/16 印张 22.5 字数 260 000

2014 年 2 月第 1 版第 1 次印刷

定价：38.00 元

请医师开菜单

我很相信缘分，它就像一种冥冥中注定的力量，指引你遇到对的人，做对的事。

初次见到陈咏德老中医，一种亲切之感油然而生。陈老先生 1940 年出生在高雄市的一个中医世家，虽已年过古稀，却仍旧精神矍铄、步履稳健、耳聪目明，外表看起来仿若五十出头。

这位脸型方正、慈祥、整日笑口常开的杏林名家，将毕生的心血都用在了自己从事的中医事业上。

当我问起陈老先生究竟用什么方法祛病强身时，他毫不隐讳地把自己的"养生经"娓娓道来。我们生病了，第一时间就会想到吃药，最好的药在哪里呢？你也许会说是在药店或医院，其实你错了，最好的药在你的餐桌上。中医历来看重食疗，并坚持"以食治疾，胜于用药"的治病主张。这种治病方法注重的是对人体的日常调养，通过科学合理的饮食，不但可以充饥，还可以疗病。更为重要的是，中医食疗没有副作用，用之对症，病慢慢就会治愈，即使不对症，也没什么害处。

"没想到中医竟是如此神奇！"陈老先生的一番话让我倍感兴趣。在我的印象中，中医就是针灸、把脉、喝苦药汤，医生只是通过望、闻、问、切，就可以诊断下药了，没想到通过饮食也可以防病、治病。

陈老先生接着说道：中医主张辨证施治，在药膳调理时针对不同的病症，开出的"菜单"是不一样的。比如，治疗消化不良，可以用猪血200克，鲜火炭母60克做汤。此方适用于人们夏季闷热、肠炎、消化不良、饮食积滞等症，有清热解毒、消胀满、利大肠的功效。但老年肠炎腹泻者，只适合饮汤不宜食用猪血。上班族常见的胃溃疡，可以经常食用"三七鸡蛋羹"，将一个鸡蛋打破和适量的三七粉一起搅匀，隔水炖熟后，加入蜂蜜调匀即可服食。对于胃溃疡引起的呕吐恶心、胃胀打嗝和上腹疼痛有明显疗效……

说起中医食疗，陈老先生有说不完的话。

经过初次愉快的接触，慢慢地我和陈老先生成了忘年交，通过电子信箱的交流，中医食疗也成了我们经常谈论的话题。当我身体有恙时，也会采用他开出的"菜单"来治病，每次都获得很好的效果。特别让我感动的是，通过食疗我便秘的老毛病彻底治愈了。陈老先生认为我长期便秘是由于阴血不足、肠燥津枯引起的，便让我经常喝松子核桃粥，就是把粳米100克，松子仁15克，核桃仁10粒放在一起熬粥食用。吃了一段时间后，便秘竟然治愈了，直到今天都没有复发。

一次，在和同事谈论关于食疗方面的图书策划时，我不由得眼前一亮：何不把陈老先生开出的"菜单"结集成书，以飨读者。主意打定之后，我特意找到陈老先生谈了我的想法。没想到陈老先生听后当即表示同意，如他所说，传播健康福音是自己多年的心愿，有了这样的机会当然不能错过。于是，便有了这本书。

在写作的过程中，陈老先生对食材的选择、烹调方法、功效、能治什么病，以及注意事项等均进行一一讲述。但是在说明每种病症时，并没有从中医的角度去阐述，只是简明扼要地进行了解释，然后直奔主题——开列"菜单"，目的是让读者有的放矢，争取一看就懂、一看就能用、一用就有效果。

本书的书名是陈老先生亲自命名的，他一直主张食疗，认为最好的药就在餐桌上，通过饮食调理可以祛病健身。

经过陈老先生两年的创作整理，并且在出版社各位同仁的帮助下，这本书终于和读者们见面了。至于本书的价值，相信每一位读者都会有自己的评价。

前　言

三分药，七分养

　　当健康亮起红灯时，我们在选择坚强面对的同时，还要找到一条战胜疾病的快捷方式。

　　中国传统的药膳食疗就是很好的"克"病之道。通过名医"把脉"，为你开出健康菜单，将苦口良药变成可口佳肴，使你在享受美食的同时，发挥祛病健身的功效。

　　人体的一些病症，除了用药治疗外，需要长时间的调养，即所谓的"三分药，七分养"。而这本《最好的健康在餐桌上——老中医帮你开菜单》就介绍了诸多病症的调养、预防和治疗的饮食方法。此书是陈咏德老中医在长期临床的基础上，根据科学配方，在中医学辨证施治的理论指导下，针对儿科、妇科、内科和外科疾病，尤其是一些常见病和慢性病，开列出的药膳菜单。一书在手，相当于有一个居家药膳师伴随在你身边。

根据本书提供的中医菜单，可以对所患疾病，进行有针对性的、长时间的调养治疗。

书中所介绍的食疗方法，分类清晰、内容丰富、涵盖面广，适合各类疾病、各种口味和各年龄层的人选用。药膳中的食材和中药材料，大多都是市场常见、易于购买和价格不高的日常食品，烹饪方法也是简单易学。你可以将成本最低、疗效最好的佳肴，转换成治病良药，吃出最棒、最健康的身体。

简单通俗是本书的最大优点之一。大家都知道中医学中有很多难懂的术语，本书尽量将这些术语变成通俗易懂的日常用语，让读者能看得懂、学得会。

如果你身心健康，通过本书可以知道如何吃才能远离疾病。

如果你处于亚健康状态，本书可以让你学会通过饮食调理来消除身体不适。

如果你身患疾病，通过本书可以针对具体病症用食疗来加速康复。

把饮食变成良药，既可调养身体，又能辅助治疗疾病，还可以避免减少服药的副作用，何乐而不为呢？

但需要说明的是，既然作为一种预防、治疗和调理疾病的方法，食疗并不能包治百病。对于一些疾病，患者应该先到医院，请医师进行诊断治疗，然后根据自己病情的具体情况，选择有针对性的食疗方法才行。

希望通过本书的学习，读者可以更好地指导自己科学合理的饮食，来预防和配合治疗疾病。这也是陈咏德老中医美好的愿景和所尽的一份绵薄之力。

目录

CONTENTS

目录

CONTENTS

目录

CONTENTS

目录

CONTENTS

第一章

食疗名家说药膳：

良药不苦口，佳肴可健身

第一节

药膳名解

　　药膳从字面上来讲，药指的是中草药，膳指的是饭菜。这样，药膳的意思就很清楚了，就是中药材和食物烹调而成的菜肴。比如韭菜白芷粥，里面有韭菜和白芷。韭菜就是菜肴的材料，白芷则是一味中草药。常喝这种粥，对肾脏很有补益。所以说，药膳具有食疗作用，常吃可以预防和防治各种疾病，强壮身体。

　　有人要问，药膳和治病的中药药方有什么区别呢？药膳和中药药方是不一样的，和一般菜肴也有不同。药膳把中国中医学和传统烹饪结合起来，将菜肴赋予药用，将中药效力融入菜肴，将美味可口和治病健身相结合。所以，药膳也就是中药和菜肴相结合，使良药不再苦口而且可口，佳肴也可以健身。药膳把药效融入美味佳肴中，属于一种特殊的中医药剂，让你在享受美味的同时祛病健身。

第二节

药膳的分类

烹饪的详细分类，可以让我们有效掌握药膳搭配的规律和食疗的效果，其主要分类如下。

1. 按药膳的功效特点分类

（1）可以治病或者辅助治疗作用的药膳。在专业医师或者具有成熟水平药膳师的指导下，可以治疗和辅助治疗某些疾病。

（2）具有保健作用的药膳。这类药膳具有明目、减肥和美容等保健功效。

2. 按药膳的形态特征分类

（1）汤汁等流食类。

（2）膏、稀粥、羹、糊等半流食类。

（3）饭食、糖果、菜肴等固体类。

此外，还可以从食品材料上分为蔬菜类、谷物类、禽肉类和果品类等。

第三节

药膳简史

作为中医学的一部分，药膳的形成经历了长时间的探索和累积过程，通过不断实践、不断临床，形成了一门独特的学科。

远古时期：饮食烹饪开始起步

法家学派的代表人物韩非子在《韩非子》中记载，在远古时期，人们无法辨别食物的好坏，没有合理的饮食方法，因此"伤害腹胃，民多疾病"。为了生存，远古的先民开始探索正确的饮食之道，开始探求哪些东西可以吃，哪些东西不可以吃。在实践中人们发现，有些植物和食品具有药效和饮食的双重作用，这些食品开始被人们所重视。与此同时，药膳在自觉不自觉中出现了。

火的发现，使远古先民开始自觉或者不自觉地重视烹调技术，比如把生冷的肉食烤熟等。烹调技术的出现是药膳发展的第一步，没有烹调也就没有药膳的"膳食"之说。那个时候人们没有中药和膳食的概念，

所以处于蒙昧时期。

夏朝到春秋时期：中国药膳的萌芽阶段

商代的贤臣名相伊尹具有很高的烹调技术，这说明随着历史的发展，烹调技术也在不断地进步发展。到了周朝，饮食技术已经比较成熟了。据历书记载，周朝的医学分为食医、疾医、疡医、兽医。而食医居首，说明饮食健康和饮食治病的重要性。

春秋时期的教育家孔子也说过，即便美食佳肴十分精致，味道十分鲜美，也不要过多食用；味道变馊、腐败的食物不要吃；不要过多进食肉类食品，饮酒要有限度；吃饭要有规律，不到正餐时间不吃饭，等等。都显示了通过饮食来调节人体健康，已经成为一种自觉行为。所以说，这个阶段是药膳发展的萌芽阶段。

战国到秦汉：中国药膳的奠基阶段

战国时期的《黄帝内经》记载了大量的食疗和药膳的理论及经验。它强调营养饮食的重要性，指出正确的饮食方法可以调理某些疾病，以及酸、甜、苦、辣、咸五味对人体五脏的影响等。

汉朝的医学专著《神农本草经》记载了五十多种药用食物，同时期的医学专著《金匮要略》里面有食疗的具体方法。

这一时期还出现了一些失传的药膳专著，比如《太官食法》《食方》《神农黄帝食禁》《黄帝杂饮食忌》《食经》《太官食经》等。这都说明药膳发展到了一定的水平。

魏晋到唐朝：中国药膳的形成阶段

魏晋时期的著名医学专著《肘后备急方》记载了多种食疗方法。而南北朝时期的《本草经集注》则记载了一些日常食品的食疗方法，并列举了大量的药用食物。

食疗成为一种独立学科和独立学问，表现在唐朝医学专著《备急千金要方》。书中介绍了食疗对人体健康的重要性，阐述了食疗在治病防病中的地位。作者认为医者水平的高低，在于能否合理利用食疗药膳控制和改善患者的症状。书中把食疗药膳提升到一个重要位置，认为食疗药膳是医治患者的重要方法。

唐朝孟诜所著的《食疗本草》，是国内目前所知道的第一部食疗专著。虽然该书早已失传，但根据其他专著所引用的内容，我们发现这本书

有关药膳食疗的理论和实践，已经到了很高的水平。

宋朝到明清：中国药膳全面发展阶段

元朝出现了中国最早的营养学专著《饮膳正要》。书中介绍了饮食营养的规律和方法，从养生和预防疾病的角度，对食物营养提出了全面论述，并且列出了一些经典的药膳配方。该书被医学界认为是中国药膳历史上的里程碑，象征着药膳已经达到了相当高的水平。

到了明清时期，中医食疗药膳发展得更加成熟和全面。这个阶段几乎所有的医学专著，都提到了饮食和中药健身防病的关系。我们耳熟能详的明朝医学专著《本草纲目》，更是详细论证了某些食品的药用价值和方法，记录了数百个药膳食疗配方。

明清时代的医学著作，对于饮食的营养要求、饮食的滋补保健、饮食和药用功能的结合，都有成熟和高水平的论述和实践。这一阶段食疗的崭新论述，就是提出了对素食的重视，指出了高脂肪多油腻食品的危害。

至此，中国的药膳食疗，已经发展得十分全面、成熟和完备了。

现代社会的药膳状况

进入现代社会，药膳学更是迅速发展。随着人民生活水平的提高和科学技术的发展，传统的药膳学，融入了更加科学的实践和理论，形成了系统的、科学的食疗药膳学体系。同时，现代药膳学更加注重中药药材和饮食的科学合理搭配，把药材的效用和食物的美味发挥到了极致。

随着现代烹饪业的发展，药膳在烹调技术上也具有了鲜明的特点，形成

了各自的特色。

第四节

科学食用药膳

药膳虽好但是也要讲求方法，要遵循中药的药理，科学搭配和食用。

第一，自家烧制药膳，要根据正确的药膳配方。对于一些入食的药材，要经过前期加工去除异味，否则，无法达到药膳"良药可口"的效果。

第二，药膳不可私自配制，要有临床和实践经验，需要有中医主治医师资格的人来配方。因为中药药材不同的制作方法，会产生不同的效用。比如萝卜，水煮和汤煮效用就有很大的不同。

第三，食用药膳要具有针对性，根据不同病症合理配方，才能发挥食疗的保健和防治效果。中医讲究辨证施治，对症下药，也就是这个道理。

第四，药膳的食用要讲究因时而异。根据寒暑冷热，春夏秋冬不同季节、不同气候来选取合适配方。比如有些燥热性质的药物，在药膳配方时要避开寒暑季节。

第五，不同年龄不同体质，对药膳配方的要求也不同。比如过于寒凉或者过于燥热的材料不适合婴儿，具有活血和滑利效用的药膳不适合孕妇等。

第六，不同地区的饮食习惯和气候条件也有很大差异，人体在不同的气候影响下，生理活动和病理变化都有差异。再者，不同地区的人，对于咸淡酸辣的口味不相同，所以对于药膳的要求也不相同。

第七，不可过量食用药膳。常言道，是药三分毒，药膳进补不可剂量过大。

第二章

儿科疾病的中医食疗菜单

第一节

食物治疗宝宝干咳

小孩干咳的症状是咳起来没完没了，有时候没有痰，有时候痰很少，痰中还带着血丝。听声音，孩子的声音嘶哑，舌头看起来比平时发红，唾液比平时少，咳嗽咳得胸部发痛，嗓子咽喉部位也有痛感。白天症状轻，晚上就加重了。

下面的药膳配方具有润肺生津的食疗效果，对于阴虚咳嗽的患儿具有较好的治疗作用。

粳米核桃粥

材料：芝麻和核桃仁各 30 克，粳米 100 克。

做法：芝麻和核桃炒熟后研磨成粉末，放入粳米中煮成粥。

用法用量：随量服用。

功效：对于因为秋天干燥引起的干咳以及皮肤、毛发干枯都有很好的治疗作用。

养生小语：

① 粳米甘平，健脾益胃，诸无所忌。但糖尿病患者不宜多食。

② 患有干燥综合征、更年期综合征属阴虚火旺者，以及痈肿疔疮、热毒炽盛者，忌食爆米花，因爆米花易伤阴助火。

粳米银耳粥

材料：银耳20克，粳米200克。

做法：粳米和银耳一同加水煮成粥。

用法用量：适量食用。

功效：粳米银耳粥最适合小孩秋冬干燥久咳，可以滋肺生津。

养生小语：银耳能清肺热，故外感风寒者忌用。银耳宜用开水泡发，泡发后应去掉未发开的部分，特别是那些呈淡黄色的地方。

粳米芝麻粥

材料：芝麻100克，粳米200克。

做法：将芝麻炒熟，研磨成细粉。粳米煮成粥后，将芝麻粉倒入粥中。

用法用量：适量食用。

功效：对于小孩干咳无痰、大便干结有很好的治疗效果。

养生小语：芝麻有黑、白两种，食用以白芝麻为好，补益药用则以黑芝麻为佳。芝麻味甘、性平，有祛风润肠、生津通乳等功效。患有慢性肠炎、便溏腹泻者忌食。

柿子川贝饼

材料： 川贝粉 10 克，柿饼 2 个。

做法： 川贝粉分为两等份，柿饼去核，放入等量川贝粉，放在篦子上蒸熟。

用法用量： 每天早晚各吃一个柿饼。

功效： 常吃可以清瘀化痰，对于小孩干咳效果很好。

养生小语： 川贝性微寒，味苦、甘。具有清热润肺、化痰止咳的作用。风寒咳嗽的患者是由感受风寒引起的，咳嗽时伴有白色稀痰、鼻塞、流清涕等症状，应该服用一些温性的药物以温肺化痰。而川贝是寒性的药物，此时服用无异于"雪上加霜"，会加重病情。

雪梨蒸川贝

材料： 川贝粉 5 克，雪梨 1 个，冰糖 7.5 克。

做法：

① 雪梨切去蒂部，挖出雪梨核。

② 把川贝粉、冰糖嵌入雪梨内部，盖上蒂部，用牙签穿连，放入炖器内。

③ 文火隔水蒸一个小时，即可食用。

用法用量： 饮汤吃梨，一次吃完。

功效： 多吃具有治疗痰少燥咳的功效。

养生小语： 雪梨味甘性寒，不宜多吃。尤其脾胃虚寒、腹部冷痛和血虚者，更需要注意。

雪梨炖杏仁

材料：甜杏仁 30 克，雪梨 2 个，冰糖 40 克。

做法：将杏仁研碎，雪梨削皮切成薄片，一同放入碗内加上冰糖，隔水炖煮半个小时，即可服用。

用法用量：早晚各一次，根据食量分三四次用完。

功效：具有润肺、化燥、止咳的作用，是小孩秋冬季防治干咳的佳品。

养生小语：甜杏仁性味甘、辛，苦杏仁性味苦、温，两者都能止咳平喘。婴儿慎用，阴虚咳嗽及泻痢便溏者禁食。

饮食禁忌：杏仁不可与板栗、猪肉、小米同食。

陈皮萝卜汤

材料：白萝卜 125 克，陈皮 1.5 克。

做法：萝卜切碎后与陈皮一同煎汤。

用法用量：每天喝汤一次，一次喝完。

功效：可以有效治疗小孩干咳。

养生小语：陈皮原名橘皮，性温，而柑、柚皮性冷，不可混用。

猪肺银耳汤

材料：猪肺 1 副，银耳 30 克。精盐、味精、葱段、姜片、料酒、胡椒粉各适量。

做法：

① 猪肺洗净血污，放入沸水中焯一下后捞出洗净。

② 银耳泡发洗净，再用开水浸泡片刻。

③ 砂锅内放适量清水，放入猪肺，加入葱姜和料酒，旺火烧开后改用小火慢煮。

④ 猪肺熟透后捞出放入冷水内，剔去气管筋络和老皮切成块。

⑤ 把肺块和银耳捞入大汤碗内，加入清汤，上蒸笼蒸透取出。

⑥ 将原来煮猪肺的汤再烧开，加料酒、精盐、胡椒粉，汤沸后盛入碗内即成。

用法用量： 一周进食一两次，搭配正餐食用。

功效： 具有养阴润肺的作用，对于小孩干咳有很好的治疗和预防作用。

养生小语： 猪肺味甘、性平，补肺虚，止咳嗽。鱼腥草与润肺补肺的猪肺相配，具有消炎解毒、滋阴润肺的功效。

黄精玉竹炖猪肘

材料： 猪肘 800 克，黄精 12 克，玉竹 12 克，冰糖 120 克，红枣 20 颗，料酒、葱、姜、精盐各适量。

做法：

① 玉竹和黄精洗净后切成片，用纱布包扎。

② 将洗净的猪肘在沸水内焯去血污，捞出后重新洗净。

③ 姜切成片，葱切成段。

④ 将 60 克冰糖炒成深

黄色糖汁。

⑤ 将上述材料放入砂锅内，加清水和调味料一同煮沸，撇去上面的浮沫，加入冰糖汁。

⑥ 小火炖两个小时，肘子熟烂后，将包裹玉竹和黄精的纱包取出即可食用。

用法用量：每周进补一两次，也可以配合正餐食用。

功效：润肺止咳、益气养阴，对于咳嗽无力、干咳以及腰腿酸软、头晕眼花、失眠等都有疗效。

养生小语：玉竹味甘、性平，无毒。具有除烦闷、止渴、润心肺、补五劳七伤之功效。胃有痰湿气滞者忌食用。

鸡丁炒木耳

材料：鲜嫩鸡肉400克，水发木耳180克，青椒2个，湿淀粉25克，精盐、白糖和味精各适量，蛋清2个，葱段15克，高汤150毫升，香油6毫升，植物油450毫升。

做法：

① 将切成小丁的鸡肉放入已调好的蛋清中，用适量淀粉和酱油搅拌。

② 将青椒和木耳切成丝。

③ 植物油倒入炒锅内烧至七分热时，把鸡丁放入锅内炸熟，捞出将

油控净。

④ 炒锅放入葱姜、青椒爆炒，随后加入木耳、鸡丁和其他调味料。

用法用量：适量食用。

功效：润肺止咳，益气养血。

养生小语：木耳中含有大量的铁，茶中含有多种生物活性物质，同时食用不利于身体对铁的吸收。

饮食禁忌：萝卜和木耳同食会引发炎症，木耳和田螺同时食用会中毒。

烹饪常识：

（1）如何煎汤

把需要煎汤的材料倒入锅内，加上适量水（最好淹没材料），烧开水后文火慢炖 30 分钟即可，煎汤最好用砂锅。

（2）什么叫隔水煮、隔水蒸

锅内放水，将要蒸煮的材料放进碗等容器内，把盛有食品的容器放进锅内，水开后直到容器内的食品变熟叫隔水煮。也就是所要煮的食品不和水接触。隔水蒸就是将食品放入碗等容器内，放在箅子上蒸熟。

第二节

宝宝咳嗽的药膳方

治疗小孩咳嗽和小孩干咳的食疗方法略有区别。从中医学角度而言，咳嗽分为湿热咳嗽、寒喘咳嗽、发烧咳嗽和伤风咳嗽等。具体情况要到专业儿童医院咨询治疗，要从根本处解决问题，不要仅仅医治咳嗽这个表象的症状。

1. 因风寒感冒引起的咳嗽的食疗方法

红糖煎煮生姜

材料： 红糖适量，生姜 2 片，大蒜 2～3 瓣。

做法： 将红糖、姜片和大蒜放在水中煎煮，水开即可。

用法用量： 随量饮用。

功效： 治疗因风寒感冒引起的咳嗽。

养生小语： 红糖性温、味甘，具有益气补血、健脾暖胃的作用。阴虚内热者、消化不良者和糖尿病患者不宜食用红糖。此外，在服药时也不宜用红糖水送服。

大蒜水

材料： 大蒜 2～3 瓣，冰糖 1 粒。

做法：

① 将大蒜拍碎，放入碗中，碗中加水并放入冰糖。

② 将碗加盖盖好放入锅内蒸，煮沸后再用小火蒸 15 分钟。

③ 取下来放置温热，让宝宝喝大蒜水即可。

用法用量： 一天两三次，一次小半碗。

功效： 对治疗小孩咳嗽很有效果。

养生小语： 大蒜性温，阴虚火旺及慢性胃炎溃疡病患者慎食。

热橘瓣

材料： 橘子 1 个。

做法：

① 橘子带皮放在火上一边烤一边翻动，直到橘皮发黑冒出热气。

② 剥开橘皮，橘瓣已经变得温热，即可食用。

用法用量： 一天可以吃两三次，大橘子小孩一次可以吃两三瓣，小贡橘一次可以吃一个。配合大蒜水一起吃效果更好。

功效： 可以有效化痰止咳。

养生小语： 橘子性温，多吃易上火，会出现口舌生疮、口干舌燥、咽喉干痛、大便秘结等症状。另外，胃肠、肾、肺功能虚寒的老人不可多吃，以免诱发腹痛、腰膝酸软等病状。

饮食禁忌：橘子不宜与萝卜、牛奶同食。

姜末炒鸡蛋

材料：鸡蛋 1 个，
生姜适量。

做法：

① 鸡蛋打破搅匀，
姜切成碎末。

② 麻油适量在炒
锅内烧热，放入姜末和
鸡蛋炒熟后即可。

用法用量：每晚临睡前吃一次，坚持数天。

功效：对于小孩咳嗽疗效明显。

养生小语：鸡蛋必须煮熟，不要生吃。打蛋时须提防沾染到蛋壳上的
杂菌。一般人每天食用鸡蛋不要超过两个，患有脏器疾病的人应慎食鸡蛋。

饮食禁忌：鸡蛋不宜与白糖、豆浆、兔肉同食。

梨蒸花椒水

材料：梨 1 个，冰糖 2 粒，花椒 20 粒。

做法：

① 梨洗净去皮，中间切开后去核，放入冰糖和花椒。

② 将切开的两半梨拼合一起，在锅内蒸上 30 分钟即可。

用法用量：一次吃半个梨。

功效：对小孩风寒感冒疗效明显。

养生小语：花椒味辛、性热，一般人均能食用。孕妇、阴虚火旺者忌食。

2. 因风热感冒引起的咳嗽的食疗方法

梨裹川贝

材料：梨 1 个，川贝、冰糖适量。

做法：

① 将五六粒川贝研磨成细粉。梨洗净去皮，中间切开去核，放入川贝粉和两三粒冰糖。

② 把梨拼对好放入碗内，在锅内蒸半个小时即可。

用法用量：一次食用一半。

功效：常吃对于宝宝的风热咳嗽有很好疗效。

养生小语：糖很容易生螨，存放日久的糖不要生吃，应煮开后食用。

萝卜水

材料：白萝卜 1 个。

做法：

① 白萝卜洗净切片，将四五片放进锅内加半碗水，烧开后小火煮四五分钟即可。

② 放置温热后让宝宝喝萝卜汤。

用法用量：适量饮用。

功效：对于风热咳嗽疗效明显。此法适合两岁以内的小宝宝。

养生小语：白萝卜不适合脾胃虚弱者，如大便稀者，应减少食用。

还有值得注意的是在服用参类滋补药时忌食本品，以免影响疗效。

 温馨提醒：

　　缓解风热咳嗽症状的食品有柿子、西瓜、枇杷、荸荠、苦瓜、丝瓜、冬瓜和藕片等。宝宝在患风热咳嗽期间，应该禁食辛辣上火的食品，比如樱桃、核桃仁、桂圆肉、鱼、虾、红枣和羊肉等。

3. 治疗内伤咳嗽的食疗方法

山药糊

材料：山药适量。

做法：

① 将山药清洗干净去皮，然后拍打粉碎，加半碗水搅糊后入锅。

② 一边煮一边搅拌，烧开后即可食用。

注意事项：山药糊不要煮太长时间，以免影响里面的营养成分。

用法用量：一碗山药糊，可以让宝宝在空腹的时候分两三次吃完。

功效：山药粥不但能治疗小孩内伤引起的咳嗽，而且对于小孩流口水、出虚汗、厌食等症状还有很好的治疗效果。

养生小语：山药能够益肺气，养肺阴，可以治疗肺虚久咳之症。有实邪者忌食山药。

红枣白果

材料：白果和红枣各3粒。

做法：将白果和红枣放入碗里，加适量的水，烧开即可。

注意事项：一定要注意白果和红枣的数量，只许放三粒，擅自增加会导致宝宝上火。

用法用量：每晚临睡前给宝宝服用。

功效：红枣品性温和，具有健脾养胃、益气补气的作用。白果能安定咳喘，对肾脏很有补益。此食疗方法对于反复感冒、久咳不愈、发烧的少儿有很好疗效，同时还有治疗小儿遗尿症的功效。

养生小语：生白果有微毒，必须煮熟或炒熟，食用不宜过量。

第三节

宝宝厌食的药膳方

小孩厌食表现为拒食和长期食欲不振。有些家长过于娇惯孩子，喂养方法不正确就会导致孩子厌食。孩子体内缺锌、长期便秘、佝偻病或者贫血以及慢性肠炎，也会引起厌食。

如果小孩出现厌食的情况，家长可以在医生的指导下采取以下药膳食疗方法进行辅助治疗。

鲜藕蒸雪梨

材料：鲜藕 125 克，雪梨 150 克，白糖 100 克，蜜樱桃 5 克，白矾 5 克。

做法：

① 用 1 升水将白矾融化。

② 雪梨去皮去核切成条，鲜藕洗净切成片。

③ 将适量白矾水倒入锅中，烧沸后倒入藕片、梨条，再煮十分钟。

④ 将藕片和雪梨捞出后用清水漂洗两次，加白糖适量放入碗中。

⑤ 将碗口用湿棉纸封严，在笾子上蒸 3 个小时后取出。

⑥ 将藕和梨倒入盘中摆上蜜樱桃。

用法用量：可以依据小孩的喜好和饭量随意服用。

功效：有效强健脾胃，治疗厌食。

养生小语：白矾中含有的铝对人体有害。长期饮用白矾净化的水，可能会引起老年痴呆症。

粳米神曲粥

材料：粳米适量，神曲 10 ～ 15 克。

做法：将神曲敲碎煎汁后去渣，然后加入粳米煮成稀粥。

用法用量：每天服用一两次，可根据小孩的具体情况，确定服用量。

功效：此粥具有健脾暖胃与平和五脏等作用，能有效治疗小孩厌食。

养生小语：神曲味甘辛、性温，健脾和胃，消食调中。脾阴虚、胃火盛者不宜用。能落胎，孕妇宜少食。

莲肉炒锅焦

材料：莲肉和锅焦各 120 克。

做法：莲肉去心，蒸煮后放至干燥。锅焦炒焦，连同莲肉一起研磨成细粉。

用法用量：每次取三五勺加白糖开水冲服，一天服用三次。

功效：可有效治疗小孩厌食。

养生小语：锅焦为烧干饭时所起的焦锅巴。凡脾虚不运、饮食不香，或食不消化，或脾虚久泻者最宜食用。

凉拌三鲜

材料：番茄、胡萝卜和黄瓜等量，麻油、味精和精盐以及食醋适量。

做法：

① 番茄开水冲烫去皮切片，黄瓜、胡萝卜切片或者切成菱形。

② 将食醋、精盐、香油和味精在碗中拌匀，蘸食或者淋在切片上均可。

用法用量：适量食用。

功效：健脾消食，治疗小孩厌食。清淡鲜嫩，很适合小孩食用。

养生小语：番茄性微寒、味甘酸，脾胃虚寒者不宜多服。风湿性关节炎患者多吃番茄可能会使病情恶化。

烹饪指导：吃番茄的时候，最好不要把皮去掉，因为番茄的皮中也含有维生素、矿物质和膳食纤维。

猪肉百合炖

材料：瘦猪肉250～500克，百合、玉竹、北沙参和山药各15克。

做法：

① 将猪肉洗净，沸水焯去血污，再用清水洗净，然后切成小块。

② 上述药材一起炖熟后，肉、汤和药都吃下。

用法用量：每日根据小孩食量，食用两三餐。

功效：此法可以补益肠胃，治疗小孩厌食。

养生小语：北沙参味甘、性微寒，养阴清肺，益胃生津。虚寒症忌用。

饮食禁忌：不宜与藜芦同食。

山北鲜竹汁

材料：山药 10 克，北沙参 15 克，鲜石斛 12 克，玉竹 9 克，麦冬 12 克，甘蔗汁 250 克。

做法：将山药、北沙参、鲜石斛、玉竹、麦冬放入锅中，加适量清水煎汁后滤渣。再混入 250 克甘蔗汁搅匀。

用法用量：用来当作茶水喝，每日喝适量。

功效：可以治疗小孩厌食。

养生小语：麦冬味甘、微苦，性微寒。凡脾胃虚寒泄泻、胃有痰饮湿浊及暴感风寒咳嗽者均忌服。

胡椒鲤鱼

材料：鲤鱼 1 条（中等大小），胡椒和姜片适量。

做法：鲤鱼洗净，加入生姜和胡椒炖熟。

用法用量：饮汤吃鱼，每天一次，每次适量。

功效：连续一周可以有效治疗小孩厌食。

养生小语：鲤鱼是发物，素体阳亢及疮疡者慎食。

饮食禁忌：鲤鱼忌与绿豆、芋头、牛羊油、猪肝、鸡肉、荆芥、甘草、南瓜、红豆，以及中药中的朱砂同服。鲤鱼与咸菜相克，可引起消化道癌肿。

萝卜猪肉饼

材料： 白萝卜 300 克，面粉 400 克，瘦猪肉 150 克，姜末、精盐、葱花适量。

做法：

① 将洗净的萝卜切成细丝，在油锅内炒至五分熟。

② 猪肉剁成碎末，加上姜末、精盐、葱花和萝卜丝调和成菜馅。

③ 面粉加水和好面团后分成 50 克一个的面团，擀成面饼加上菜馅，用油烙熟。

用法用量： 根据食量让小孩进食。

功效： 有效防治小孩厌食。

养生小语： 食用猪肉后不宜大量饮茶，因为茶叶的鞣酸会与蛋白质合成具有收敛性的鞣酸蛋白质，使肠蠕动减慢，延长粪便在肠道中的滞留时间，不但易造成便秘，而且还增加了有毒物质和致癌物质的吸收，影响健康。

银耳炖瘦肉

材料： 银耳 80 克，瘦肉 200 克，红枣 20 颗，精盐适量。

做法：

① 银耳洗净泡发后，切片。瘦肉开水焯去血污，切片。红枣洗净。

② 将银耳、瘦肉、红枣一同炖烂，加入适量精盐即可食用。

用法用量：根据小孩食量和爱好随意搭配正餐食用。

功效：治疗小孩厌食。

养生小语：银耳能清肺热，故外感风寒者忌用。

萝卜炖排骨

材料：白萝卜1千克，猪排骨500克，精盐、葱适量。

做法：

① 将排骨剁成3厘米大小，白萝卜切成片。

② 先将排骨炖至肉脱骨，再加入萝卜、葱。

③ 炖熟后撇去汤面浮油，加入适量精盐即可。

用法用量：根据小孩喜好随意食用。

功效：此排骨气味鲜香，能有效开胃，对抗小孩厌食。

养生小语：白萝卜味甘性凉，宽中下气，消食化痰。排骨甘平，补虚弱，强筋骨。与萝卜炖服，气香味鲜。

枣泥饼

材料：白术60克，干姜12克，水1升，大红枣500克，山药粉100克，鸡内金粉30克，面粉900克。

做法：

① 白术和干姜在砂锅

内用水煎煮 30 分钟，去渣子后剩下药液。

② 将大红枣洗净去核蒸熟，压成枣泥。

③ 在过滤下来的药液里，放入山药粉和鸡内金粉。

④ 用药液将面粉和成面团，放入枣泥做成 15 克左右的饼，烤箱烤熟或者锅中烙熟。

用法用量：可以当作小孩的零食，每天吃三至五次，一次吃一两个。

功效：促进消化，强健脾胃，治疗小孩的厌食症状。

第四节

小孩多动症的饮食疗法

多动症是一种病理现象，主要表现为注意力不集中和过分活跃。这种症状多存在于六岁以前的孩子身上，随着年龄增大会逐渐好转消失，极少的会延续到中年。但是这种病症对孩子的成长极为不利，不可掉以轻心。

大麦红枣汤

材料：红枣 15 克，大麦 30 克，百合 10 克，甘草 10 克。

做法：将上述材料洗净后加水煎煮。

用法用量：每天喝一次，适量饮用。

功效：治疗小孩多动症。

养生小语：甘草有助湿壅气之弊，湿盛胀满、水肿者不宜用。大剂量久服可导致水钠潴留，引起水肿。

白糖蒸龙眼

材料：龙眼肉 1 千克，白糖 100 克。

做法：

① 将白糖和龙眼肉放置在碗中隔水蒸后晾干，如此反复三次。

② 龙眼肉色泽变黑后再拌白糖少许，装在瓶子或罐子里面备用。

用法用量： 每天吃两次，每次吃四五颗龙眼肉，连续服用七八天。

功效： 治疗小孩多动症。

养生小语： 理论上桂圆有安胎的功效，但妇女怀孕后，大都阴血偏虚，阴虚则生内热。桂圆性热，因此为了避免流产，孕妇应慎食。

荸荠竹笋汤

材料： 荸荠9克，竹笋15克，红糖适量。

做法： 加入适量水煎煮服汤。

用法用量： 每天酌量饮用一次，连续长期服用。

功效： 有效治疗小孩多动症。

养生小语： 竹笋不能生吃，单独烹调时有苦涩味，味道不好，但将竹笋与肉同炒则味道特别鲜美。

芡实甘枣汤

材料： 芡实200克，甘草36克，红枣30粒。

做法： 加入适量水煎煮服汤。

用法用量： 每天早晚服用适量，连续服用数天。

功效：对小孩多动症有效果。

养生小语：芡实分生用和炒用两种，生芡实以补肾涩精为主，而炒芡实以健脾开胃为主。

温馨提醒：

有些食物对小孩生长有利，可以增加孩子智力，提高注意力，预防多动症；而有些食物则会加重小孩多动症的症状，或者诱导小孩多动症的发生。平时注意小孩的饮食，对于预防小孩多动症十分重要。

（1）一些糕点面粉中含有酪氨酸要少吃，番茄、苹果和橘子中含有甲基水杨酸也要少吃。小孩饮食应该远离辛辣食品，比如葱、姜、蒜和酒类等。

（2）锌是人体必备的微量元素，能有效增进孩子智力，促进孩子的生长发育。多吃含锌丰富的食物，比如花生、肝脏、蛋类和豆类制品，对预防孩子多动症，提高孩子智力有很大的帮助。

（3）铁是人体血液生成的材料。孩子缺铁情绪会受到影响，大脑功能也会发生紊乱，进而加重孩子多动症的症状。多吃瘦肉、肝脏和动物血等含铁丰富的食物，有助于预防和减轻孩子的多动症症状。

（4）铅是危害儿童的一大杀手。孩子食用过多含铅食品会造成视觉、记忆以及思维行为等发生改变，所以要限制孩子食用贝类和皮蛋等含铅食品。

（5）铝也可以导致孩子记忆力下降、食欲不振、智力减退和消化不良，所以，要少让孩子进食含铝食品。

（6）核桃仁、黑芝麻、牛奶富含卵磷脂、蛋白质和维生素，能促进孩子大脑发育，减轻多动症。海带、紫菜和鱿鱼等海产品，对于孩子多动症也有很大帮助。

（7）少吃高糖、高脂的食品，因为这些食品使小儿体内血液酸化，影响孩子注意力的集中。

第五节

小孩肺炎的中医菜单及护理

小孩肺炎一般发生在冬春两个季节，两周岁以下的孩子发病率比较高。孩子如果出现咳嗽、突发高烧、胸痛、咳痰或者呼吸急促，这些都是肺炎症状。当然确定是否是肺炎，还要请教专业医生。

下面介绍几种治疗小孩肺炎的药膳配方。

姜杏萝卜汤

材料：白萝卜50克，生姜2片，杏仁5克。

做法：上述材料用水煎汁。

用法用量：随量服用。

功效：能有效治疗小孩肺炎。

养生小语：腐烂的生姜中含有毒物质黄樟素，其对肝脏有剧毒，所以一旦发现生姜腐烂一定不要食用。

卷心菜萝卜汤

材料：蜂蜜、白萝卜和卷心菜等量。

做法：将卷心菜和白萝卜捣烂，过滤渣子取汁一杯，加入蜂蜜后喝下。

用法用量：随量服用。

功效：对于发烧出汗、口腔干燥、肺热咳嗽的小孩有很好疗效。

养生小语：饭前半小时服用蜂蜜，可刺激胃酸的分泌，因此患萎缩性胃炎（缺乏胃酸）的人，宜饭前服用。反之，饭后两三个小时服用蜂蜜可抑制胃酸的分泌。患肥厚性胃炎（胃酸过多）的人，宜饭后服用。

果仁冬瓜子汤

材料：白果6个，冬瓜子30克，杏仁10克，冰糖适量。

做法：将上述材料加入适量水煎煮，去掉渣子留下汤汁，加入适量冰糖调匀后即可。

用法用量：一日三次，一次一小杯。

功效：能有效清肺、化痰、平喘，对于小孩肺炎疗效显著。

养生小语：冬瓜子性凉、味甘，可以润肺、化痰。脾胃虚寒者慎食。

竹芦粳米粥

材料：竹菇20克，鲜芦根150克，粳米60克，姜片适量。

做法：将竹菇和鲜芦根煎煮后，加入粳米煮成粥，再加入适量生姜片稍煮片刻，即可食用。

用法用量：适量食用。

功效：具有清热生津和除烦止呕的作用，能有效治疗小孩肺炎。

养生小语：芦根味甘、性寒，脾胃虚寒者慎用。

党参百合粥

材料：党参 10 ～ 30 克，百合 20 克，粳米 100 克，冰糖少许。

做法：党参浓煎取汁。百合、粳米同煮成粥，调入药汁及冰糖即成。

用法用量：每日两次，温热服用。

功效：补脾益气，润肺止咳。用于身体虚弱伴低热型小孩肺炎。

养生小语：党参补益脾肺之气，为治疗诸虚之要药。百合、冰糖润肺止咳，粳米滋养肺胃，同为补虚扶正之佳品。相佐更具补脾气、益肺阴、止咳嗽之效用。

花生薏仁粥

材料：花生仁 500 克，薏仁 100 克，山药 100 克，粳米 100 克。

做法：将上述材料加水煮粥。

用法用量：每天两次，每次一小碗。

功效：具有清热、润肺、和胃的良好功效，适用于肺炎后期身体虚弱、食欲不振的患儿，能增强小孩的抗病免疫能力。

养生小语：花生炒熟或油炸后性质热燥，不宜多食。

柚子菜肉汤

材料：柚子肉 10 瓣，白菜干 120 克，北芪 30 克，瘦猪肉 500 克。

做法：上述材料一起煲汤。

用法用量：分成四等份，每天一份，分四次喝完。

功效：具有润肺化痰、治疗小孩肺炎的功效。

养生小语：脾虚泄泻的人吃柚子会腹泻，应该注意。

枇杷粳米粥

材料：枇杷叶 15 克，粳米适量。

做法：枇杷叶洗净煎汁，滤去渣子。将枇杷汁和粳米一起煮成粥。

用法用量：空腹，随量食用。

功效：有效治疗小孩肺炎。

养生小语：枇杷叶的绒毛对咽喉及气管黏膜有刺激作用，入药时须刷去毛，用布包煎。

参菜猪肉饺

材料：人参 5 克，菠菜 750 克，面粉 500 克，瘦猪肉 250 克，生姜 5 克，葱 10 克，酱油 25 克，胡椒粉、花椒粉、芝麻油、食盐适量。

做法：

① 将菠菜洗好拧干后，去除茎秆，留下叶子，将叶子捣烂成菜泥。

② 用适量清水搅匀，纱布包好后将菜汁挤出来。

③ 将切片的人参烘脆

研磨成细末。

④ 姜、葱清洗干净后切成碎末。

⑤ 猪肉洗净，放沸水内焯去血污，剁成碎末，用酱油、花椒粉、食盐和姜末搅拌均匀。

⑥ 放入人参粉、葱花和芝麻油搅拌成菜馅。

⑦ 面粉用菠菜汁和面，分成 100 个等份擀成面皮包成饺子。

用法用量：适量食用。

功效：有利于孩子的肺炎恢复。

养生小语：一些人吃人参后会出现胸腹胀闷不舒等症状，往往与消化不良有一定关系。吃萝卜不仅能解除服用人参引起的不适感，而且有利于充分吸收人参的补益成分。

温馨提醒：

在小孩肺炎期间，多吃一些清淡容易消化的流食或者半流食比较好，比如粥类、汤类等，多饮水。小孩退烧后在恢复期间，应多吃牛奶、蛋类、鱼汤和丝瓜、荸荠以及银耳等。

肺炎期间小孩进食有些禁忌，家长们应该注意。

（1）少吃或者不吃高蛋白食品。高蛋白食品容易吸收小孩体内的水分，高烧缺水的患儿要尽量不吃高蛋白食品。肺炎恢复后期可以吃一些，以便恢复体力。

（2）高糖食品要忌食。小孩在肺炎期间吃过多含糖食品，体内白细胞的杀菌作用会受到抑制，加重病情。

（3）辛辣食品要远离。不仅仅在肺炎患病期间，平时也要让孩子少吃辛辣刺激性的食品。

（4）油腻生冷别贪吃。少儿在肺炎患病期间，消化功能会变得低弱。油腻食品会影响小孩的消化功能，影响小孩对食品营养的吸收。生冷食品同样能降低人体抵抗力，所以也要忌食。

（5）茶水能刺激人体中枢神经保持兴奋状态，导致脉搏加快，人体消耗增加，对于消除体热不利。因此小孩患病期间不要喝茶。

第六节

幼儿病毒性心肌炎的药膳方

心肌炎是心脏病的一种，无论胎儿、新生儿还是儿童青少年，都有发病的可能。当宝宝抵抗力下降的时候，病毒乘机而入侵入心脏，进而对心肌血液的供应产生影响；或者病毒致使体内的中枢神经发生病变，损害心肌。下面介绍一些实用的食疗方法，以供参考。

银耳参汤

材料：银耳 15 克，太子参 25 克，冰糖适量。

做法：上述材料用水煎煮。

用法用量：随量饮用。

功效：有效治疗小孩病毒性心肌炎。

养生小语：银耳味甘、性平，用于治肺热咳嗽、肺燥干咳、妇女月经不调、胃炎、大便秘结等病症。

红枣炖猪心

材料：猪心 100 克，红枣 25 克。

做法：带血猪心从中间切开，连同红枣一起放置碗内隔水蒸，文火蒸两小时后调味食用。

用法用量：根据小孩食量和喜好随意服用。

功效：是心脏类病症的补养调治品。

养生小语：猪心胆固醇含量偏高，高胆固醇血症者应忌食。

烹饪指导：猪心通常有股异味，在买回后立即在少量面粉中"滚"一下，放置一小时左右，然后再用清水洗净。这样烹炒出来的猪心味美纯正。

猪心参芪汤

材料：猪心 1 个，党参 15 克，丹参 10 克，黄芪 10 克。

做法：将上述药材用纱布包好，放入锅内。猪心洗净切片，与上述药材一同煮熟。

用法用量：吃肉喝汤，每天一次。

功效：有效治疗小孩病毒性心肌炎，对于心脏类疾病和心脏功能不全者有很好的辅助作用。

养生小语：黄芪以补虚为主，具有补而不腻的特点，若与人参、党参等补药搭配则效果更好。

竹笋炒肉

材料：瘦肉适量，竹笋 120 克，酱油适量。

做法：瘦肉洗净切片，竹笋洗净切片，用酱油将瘦肉和竹笋爆炒。

用法用量：适量进食。

功效：有效治疗小孩心肌炎。

养生小语：竹笋一年四季皆有，但唯有春笋、冬笋味道最佳。食用

前应先用开水焯过，以去除笋中的草酸。

烹饪指导：靠近笋尖部的地方宜顺切，下部宜横切，这样烹制时不但易熟烂，而且更易入味。

菊杞鲤鱼

材料：鲤鱼 1 条（中等大小），白菊花 25 克，枸杞 15 克。

做法：鲤鱼去鳞开膛洗净，用油稍微煎炸。加入白菊花和枸杞，适量水炖熟。

用法用量：分次吃肉喝汤。

功效：有效治疗小孩心肌炎。

养生小语：菊花、枸杞两者均有明目、养肝、益血、抗衰老、防皱纹、固精气等保健功效。适合工作繁重、长期对着计算机工作的人。

远志枣虾汤

材料：远志和酸枣仁各 15 克，虾壳 25 克。

做法：上述材料一同煎汤。

用法用量：每天喝一次。

功效：对于小孩病毒性心肌炎有良好的治愈作用。

养生小语：酸枣仁末入粥中酸甘适口，深受欢迎。酸枣仁生用、炒用均可，炒时间过长会破坏其有效成分，可微炒片刻研末。

玉竹炖羊心

材料：羊心1个，鲜玉竹15克，姜末、葱花、食盐、味精等适量。

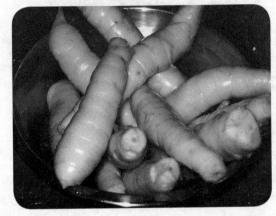

做法：羊心洗净切片，加适量水和鲜玉竹一起炖熟，加入调味料即可食用。

用法用量：适量食用。

功效：对于病毒性心肌炎有很好疗效。

养生小语：玉竹性味甘平，具有养阴、润燥、除烦、止渴的功效。胃有痰湿气滞者忌食用。

饮食禁忌：羊心忌与生椒、梅、红豆、苦笋同食。

猪心枣米粥

材料：红枣5枚，猪心1个，小麦30克，白米50克。

做法：

① 红枣洗净去核。猪心洗净切片，调味勾芡备用。

② 小麦捣碎后和红枣、白米煮粥。

③ 锅内沸腾后加入猪心片和相关调味料，粥熟后即可。

用法用量： 每天吃一次。

功效： 可有效治疗小孩病毒性心肌炎。

养生小语： 对妇人脏燥者，小麦宜与红枣、甘草同食。对自汗、盗汗者，小麦宜与红枣、黄芪同食。

第七节

小孩鹅口疮症的药膳方

小孩鹅口疮又叫"雪口"，俗称"白口糊"，是两岁以内婴幼儿常见的一种炎症。它是由白色念珠菌感染后引起的。鹅口疮见于上、下唇，颊部，舌，上腭及咽等部位。表现为乳白色或灰白色奶瓣样，或呈片状斑膜或白色斑点。当用力擦白膜时，易引起黏膜出血。小孩鹅口疮如果比较严重，会有低烧症状，吞咽和呼吸困难，进食食物和水会刺痛疮口部位。下面介绍几种治疗小孩鹅口疮的药膳方法。

橄榄萝卜汁

材料：鲜橄榄 50 克，生白萝卜 500 克。

做法：

① 将鲜橄榄捣烂。生白萝卜切块，捣碎。

② 白萝卜与橄榄泥拌匀，加水 500 毫升，用小火熬 20 分钟，滤汁即可。

用法用量：茶饮，每天一饮。

功效：坚持食用可以有效治疗小孩鹅口疮。

养生小语：白萝卜汁是脂溶性的，不容易消化。喝白萝卜汁时，加一点麻油或者橄榄油吸收效果会更好。

苦瓜汁

材料： 苦瓜汁 60 毫升，冰糖适量。

做法： 将苦瓜汁在砂锅内煮开，加入冰糖搅拌溶化后即可。

用法用量： 随量服用。

功效： 能治疗小孩鹅口疮。

养生小语： 苦瓜味苦、性寒，脾胃虚寒者不宜生食，食之令人吐泻腹痛。

冰糖莲参汤

材料： 莲子 12 颗，西洋参 3 克，冰糖 25 克。

做法：

① 将莲子去芯，西洋参洗净切片。

② 莲子和西洋参在碗内加水浸泡，泡发后加入冰糖，隔水炖一个小时即可。

③ 西洋参片可以用两次，最后一次可以吃掉。

用法用量： 喝汤吃莲子肉，随量服用。

功效： 能有效治疗小孩鹅口疮。

养生小语： 西洋参与人参在药性方面有寒温之别，虽均有补气作用，但西洋参的药力不及人参，如低血压或休克治疗，以人参为佳。而高血压、眩晕、咽痛口干者，用西洋参为宜。

温馨提醒：

治疗小孩鹅口疮的一些民间小偏方。

（1）红糖30克，研磨成粉末后涂抹于小孩疮口处，一天涂抹四到六次，效果很好。

（2）肚脐眼上涂抹适量黄连末，每天更换一次，对于小孩鹅口疮有疗效。

（3）将30克皮硝捣烂，肚脐眼涂抹适量，用纱布或者胶布固定，每天更换一次，有效治疗小孩鹅口疮。

（4）红枣3枚洗净，外加6克莴笋叶煎汁服用，每天服用一两次，效果很好。

（5）蜂蜜30毫升和10毫升生姜汁搅拌均匀后，涂抹在小孩疮口患处，每天涂抹两三次，效果不错。

（6）陈皮3克和洗净的老茄子根10克，外加8克冰糖，用水煎汁服用，每天服用一两次即可。

（7）番茄叶子10克，洗净的甜瓜皮6克，用水煎汁服用，每天服用一两次。

（8）白扁豆和玫瑰花各6克，生姜适量切片，一起煎汁服用，每天服用一两次，对于小孩病毒性鹅口疮疗效很好。

第八节

小孩水痘的药膳方

水痘是一到四岁小孩的常见病，水痘又称水花、水疮、水疱。较轻的症状表现为轻微发烧或者不发烧、流鼻涕、打喷嚏和咳嗽，一两天内出疹；如果水痘症状严重，患儿会出现高烧不退，烦躁不安，面目红赤和口干口渴，皮肤表面的水痘分布比较密集。治疗小孩水痘，可以用如下药膳食疗方法。

粳米萝卜粥

材料：白萝卜 50 ～ 100 克，粳米 50 克。

做法：

① 先将白萝卜洗净，切成小薄片。

② 将粳米淘洗干净，与萝卜一同放入锅内，加水适量。

③ 先用旺火烧沸，后用文火煮成稀粥即可。

用法用量：每天早晚各吃一次。

功效：对于水痘和口腔黏膜糜烂有良好疗效。

养生小语：此粥具有消食利气、宽中止渴的作用，但不能与人参同时服用。

饮食禁忌：白萝卜忌与胡萝卜、橘子、柿子、人参、西洋参同食。

金银花粥

材料：金银花 20 克，粳米 100 克。

做法：金银花清洗干净之后，用水煎煮。将煎后的药液同粳米一同煮成稀粥。

用法用量：每天吃两三次。

功效：对患有水痘发烧的小孩有很好的疗效。

养生小语：金银花的花、叶经蒸馏制得的蒸馏液叫金银花露。夏季用它做成饮料，不仅味道甘甜可口，而且还具有很好的清热解暑之功。

甘草板蓝汁

材料：金银花 50 克，甘草 15 克，板蓝根 100 克，冰糖适量。

做法：将上述草药加水 600 克煎汁，取汁 500 克加上冰糖搅拌均匀即可服用。

用法用量：每次服用 10～20 克，每天服用数次。

功效：可以有效治疗病毒感染的发烧和水痘，具有清热解毒的效用。

养生小语：板蓝根味苦、性寒，有清热解毒之功效。体虚而无实火热毒者忌用。

竹笋炖鲤鱼

材料：鲤鱼1条（中等大小），竹笋1个。

做法：鲤鱼洗净，竹笋去皮切片，一起放入砂锅。旺火煮沸后慢炖半个小时，加入适量调味料即成。

用法用量：每次饮汤半杯，每日两次。

功效：能有效清热、解毒、生津，对于小孩水痘初期有很好的疗效。

养生小语：鲤鱼各部位均可入药，鲤鱼血可治疗口眼歪斜；鲤鱼汤可治疗小孩生疮；用鲤鱼治疗怀孕妇女的水肿、胎动不安有特别疗效。

烹饪指导：烹调鱼虾等水产时不用放味精，因为它们本身就具有很好的鲜味。

三豆甘草粉

材料：红豆50克，绿豆50克，黑豆50克，甘草30克。

做法：

① 将红豆、绿豆和黑豆清洗干净后一起放入砂锅。

② 加适量水煮熟后，取出来晒干。然后和甘草一起研磨成细粉。

用法用量：开水冲服。一岁小孩每次服用3克，两岁小孩每次服用6克，三岁小孩每次服9克，每天服用三次，连服三天。

功效：具有清热解毒的作用，有效治疗小孩水痘。

养生小语：绿豆性寒凉，素体阳虚、脾胃虚寒、泄泻者慎食。

烹饪指导：绿豆不宜煮得过烂，以免有机酸和维生素遭到破坏，降低清热解毒功效。

盐煮青虾

材料：鲜活青虾100克，食盐少许。

做法：青虾清洗干净放入锅内，加水适量，慢火煮15分钟，快熟时加上食盐即可饮用。

用法用量：不吃虾肉只喝虾汤，连续服用三天。

功效：对于体弱的水痘患儿很有疗效。

养生小语：虾为动风发物，患有皮肤疥癣者忌食。

烹饪指导：色发红、身软、掉拖的虾不新鲜尽量不吃。虾背上的肠泥应挑去，不能食用。

饮食禁忌：虾忌与葡萄、石榴、山楂、柿子等同食。

薏苡红豆粥

材料：薏仁40克，土茯苓和红豆各60克，粳米200克，冰糖适量。

做法：将上述材料洗净后一起煮成粥，加入冰糖。

用法用量：分成六等份，两天吃完，一日三次。

功效：解毒祛湿，适用于水痘已出、发烧、尿赤者。

养生小语：红豆与扁豆、薏仁同煮可治疗腹泻。

马齿苋荸荠糊

材料：鲜马齿苋、荸荠粉各 30 克，冰糖 15 克。

做法：鲜马齿苋洗净捣汁，取汁调荸荠粉，加冰糖，用滚开的水冲熟至糊状即可。

用法用量：每日一剂。

功效：解毒祛湿，适用于水痘已出或将出、发烧、烦躁、便稀溏者。

养生小语：马齿苋性属寒滑，食之过多，有滑利之弊。凡脾胃索虚，腹泻便溏之人忌食；怀孕妇女尤其是有习惯性流产的孕妇忌食。

胡萝卜香菜汤

材料：胡萝卜、香菜各 60 克。

做法：上述材料洗净切碎，加水煮烂，加冰糖服用。

用法用量：每日一剂，分三次服完。连服一星期，婴儿只服汤汁。

功效：疏风清热，有效治疗小孩水痘。

养生小语：香菜味辛、性温，能发汗解表，宣肺透疹，

为风寒外束，疹出不畅可用。疹痘出不快，非风寒外侵及秽恶之气触犯者，不宜用。

 温馨提醒：

小孩出水痘的护理。

（1）出现水痘症状后，要避免抓挠破坏水泡。因为水泡破坏后，会引起发炎和损害皮肤的其他部位。让小孩戴上棉手套，避免用手揉眼，以免水痘的病毒感染眼睛形成角膜炎。

（2）小孩出现水痘症状引起发烧，不要服用阿司匹林，以免引发并发症，导致小孩脑炎。

（3）小孩出现水痘后，要用温水洗澡，保持清洁，避免感染。但是不要用热水洗澡。

（4）饮食方面：不要让小孩吃燥热和滋补性的食品，比如猪肉、猪油、羊肉、鸡肉、鸡蛋、肉桂、炒蚕豆、香椿头、南瓜、鹅、带鱼、香菇、黄芪、荔枝、桂圆肉、梅子、杏子、红枣、柿子、石榴、樱桃、栗子、炒花生、炒瓜子、糍粑、年糕等。同时要避免吃葱、姜、蒜、韭菜、辣椒、胡椒、香菜以及芥末、咖喱和茴香等辛辣刺激的食品。

第九节

小孩麻疹的药膳方

麻疹是一种儿童常见的皮肤过敏症，也就是平常所说的"风疹"。症状表现为皮肤上出现形状大小不一、隆起的红色疹子，中间呈现白色，患病部位会比较痒。

下面介绍几种常见的食疗方法。

黄豆金针汤

材料：黄豆 50 克，金针（黄花菜）25 克。

做法：黄豆在水中浸泡一昼夜，将金针清洗干净，和黄豆一起煮熟即可。

用法用量：喝汤，一天之内分三次喝完，连续服用三天。

功效：治疗小孩麻疹。

养生小语：黄豆在消化吸收过程中会产生过多的气体，造成胃胀气，故消化不良、有慢性消化道疾病的人应尽量少食。

香菜洋葱汤

材料：香菜 15 克，洋葱 3 个，豆豉 10 粒，香油、精盐适量。

做法：将香菜洗净切段，洋葱洗净切片，和豆豉一起煎汤，放入适量香油、精盐。

用法用量：饮汤，一天服用一剂，分三次喝完，连续服用三日。

功效：治疗小孩麻疹。

养生小语：洋葱所含香辣味对眼睛有刺激作用，患有眼疾、眼部充血时，不宜切洋葱。

莲子百合汤

材料：莲子 30 克，百合 30 克，冰糖 15 克。

做法：莲子去芯，和百合一起慢火炖至熟烂，加入冰糖。

用法用量：每天服用一剂，连续服用七天到十天，随意服用。

功效：治疗小孩麻疹。

养生小语：莲子能平补不峻，可以久服。伏案诵读、劳伤心脾、记忆减退、纳谷不香者，可常吃莲子粥。

粳米百合粥

材料：粳米 200 克，百合 60 克，薏仁和山药各 40 克。

做法：粳米洗净，和百合、薏仁、山药一同煮粥。

用法用量：分成六等份，一天三次，连续服用七到十天。

功效：治疗小孩麻疹。

养生小语：鲜百合具有养心安神、润肺止咳的功效，对病后虚弱的人非常有益。

芋头猪排

材料：猪排骨 100 克，芋头 50 克。

做法：

① 猪排骨洗净入沸水焯去血污，再捞出来洗净。

② 芋头洗净切块，连同猪排一起放入砂锅文火慢炖。

用法用量：每天吃两次。

功效：治疗小孩麻疹。

养生小语：生芋有微毒，食用时必须熟透。生芋汁易引起局部皮肤过敏，可用姜汁擦拭以解之。

黄芪瘦肉粥

材料：当归和黄芪各 20 克，防风 10 克，瘦猪肉 60 克。

做法：将当归、黄芪和防风用纱布包好，猪肉洗净切块一同炖熟。

用法用量：饮汤吃肉。

功效：治疗小孩麻疹。

养生小语：防风味辛甘，性微温而润，为"风药中之润剂"，元气虚、风湿者禁用。

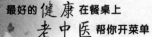
鸽蛋粳米粥

材料：粳米 200 克，鸽蛋 8 个。

做法：

① 粳米洗净，鸽蛋打破在碗中搅匀备用。

② 粳米放入砂锅煮粥，粥熟时淋入鸽蛋搅匀，稍煮即成。

用法用量：一天两次，四次服完。

功效：此法具有解毒功效，能有效治疗小孩麻疹。

养生小语：鸽蛋味甘、咸，性平，能解毒。在麻疹流行期间，让小孩每日食两个煮熟的鸽蛋，既可预防麻疹又有解毒功效。

粳米甜菜粥

材料：粳米 200 克，新鲜甜菜 400 克。

做法：

① 甜菜清洗干净，切碎或捣汁。

② 粳米清洗干净和甜菜一起放入砂锅煮粥，根据小孩口味添加调味料。

用法用量：分四次温热服用。

功效：清热解毒，健脾益胃，对小孩麻疹透发不畅、热毒下痢等症疗效很好。

养生小语：甜菜味甘性凉、清热

解毒、透疹止痢，与粳米煮粥，可助麻疹透发。脾虚腹泻者忌食。

芜菁萝卜粥

材料：芜菁（大头菜）75 克，胡萝卜 75 克，粳米 75 克，生姜 3 克，白糖适量。

做法：

① 芜菁和胡萝卜清洗干净后切块，生姜洗净切片。

② 将上述材料连同粳米一起放入砂锅，加水煮成稠粥，然后加入白糖即成。

用法用量：分次随量服用。

功效：此法具有清热解毒和润肺的作用，能有效治疗小孩麻疹，对于小孩消化不良和水肿胀满也有疗效。

养生小语：生食胡萝卜就会有90％的胡萝卜素成为人体的"过客"而被排泄掉，发挥不了营养作用，所以胡萝卜不宜生吃。

砂锅羊肉

材料：羊肉 100 克，香菜 100 克，白酒适量。

做法：

① 羊肉洗净后入沸水焯去血污和腥膻。

② 用清水将羊肉洗净，连同洗净的香菜一起放入砂锅中。

③ 加水并倒入几滴白酒，煮沸后改用文火煮一个小时即成。

用法用量：每次饮汤半杯，每日两次。

功效：此法可有效治疗小孩麻疹。

养生小语：羊肉味甘而不腻，性温而不燥，具有补肾壮阳、暖中祛寒、温补气血、开胃健脾的功效。冬季是吃羊肉的最佳时期，既能抵御风寒，又可滋补身体。

桑叶米粥

材料：冬桑叶 5 克，粳米 25 克。

做法：

① 将冬桑叶清洗干净后煎汁备用。

② 粳米淘洗干净入锅，加水 250 毫升，旺火烧开后慢火熬成稀粥。

③ 加入桑叶汁，再稍微煮一下即可。

用法用量：可以根据小孩情况随意服用。

功效：此法对于小孩外感风热、咳嗽头痛和麻疹都有很好疗效。

养生小语：外感风寒和发烧恶寒的小孩不宜服用。

温馨提醒：

小孩麻疹如果护理得当，一般七到十天可以痊愈。如果护理不当，很有可能引发肺炎、脑炎、喉炎甚至心衰等并发症。正确的护理方法如下。

（1）让患儿充分休息，保证足够的睡眠时间，室内保持湿润清静、通风。若患儿情况严重，如手脚冰冷、脸色发青、疹子颜色异常，一定要尽快就医。

（2）注意患儿卫生，尤其是皮肤、嘴巴、眼睛和鼻子要保持清洁。患儿口鼻嘴唇发干，可用食用油涂抹。手、脸、屁股每天要用温水清洗。如果出现眼屎较多，用柔软毛巾蘸取温水擦拭。平时注重给孩子修剪指甲，避免疹子发痒抓破而感染发炎。

（3）麻疹患儿不必忌口，可让孩子吃一些富有营养、容易消化的食品。一些碱性食品，比如海带、黄瓜、葡萄、香蕉、萝卜、番茄或者芝麻、绿豆等食品，对于减少小孩麻疹发病很有补益。

（4）患儿要防止着凉，但也不宜穿衣盖被过于厚重，以免影响孩子呼吸和体温的散发。

（5）家长如患感冒，要避免接触患儿，以免交叉传染。如要接触患儿，则要戴上口罩，避免正对孩子呼气。

第十节

小孩贫血药膳方

小孩贫血一般表现为不爱活动、食欲减退、容易疲劳、精神变差、烦躁不安等症状，嘴唇、眼结膜、指甲和手掌表现为苍白色。贫血可导致幼儿发育迟缓、毛发干枯和营养低弱。

下面的食疗方法可以有效治疗小孩贫血。

红枣黑木耳汤

材料：黑木耳 5 克，红枣 5 枚，冰糖适量。

做法：红枣掰开，和黑木耳一同置入小碗中，加适量水和冰糖，隔水蒸 30 ～ 40 分钟。

用法用量：每天服一剂。

功效：治疗小孩贫血。

养生小语：红枣补中益气，养血安神。因加工的不同，而有红枣、黑枣之分。入药一般以红枣为主。

龙眼枸杞粥

材料：龙眼肉、枸杞各 10 克，黑米 30 克。

做法：上述材料洗净一同入锅，加水适量。大火煮沸后改小火至米烂汤稠。

用法用量：每天服用一剂，一天服用两次。

功效：治疗小孩贫血。

养生小语：龙眼俗称"桂圆"，桂圆大补，不宜久用。

烹饪指导：挑选龙眼要注意剥开时果肉应透明无薄膜，无汁液溢出，留意蒂部不应沾水，否则易变坏。

桑葚粥

材料：粳米 100 克，鲜桑葚 30 克，蜂蜜适量。

做法：粳米煮粥八分熟时，加入鲜桑葚和蜂蜜，煮至米熟。

用法用量：可作为早、晚餐食用。

功效：治疗小孩贫血。

养生小语：桑葚有黑、白两种，鲜食以紫黑色为补益上品。未成熟的桑葚不能吃。桑葚可以促进血红细胞的生长，防止白细胞减少，对治疗贫血具有辅助功效。

黄芪鸡肉粥

材料：黄芪 15 克，母鸡 1 只，粳米 50 克，食盐少许。

做法：

① 将清洗干净的母鸡切成块。

② 与黄芪一同加水煮沸，再用文火将鸡肉炖至酥烂。

③ 粳米洗净放入鸡汤煮成米粥，加少许食盐调味。

用法用量： 喝汤吃肉，随量食用。

功效： 对小孩贫血有补益。

养生小语： 黄芪以补虚为主，具有补而不腻的特点。在烧肉、烧鸡、烧鸭时，放一些黄芪增加滋补作用，效果不错。

花生红枣黑米粥

材料： 红枣 5 枚，黑米 50 克，带红衣花生米 15 克，白糖适量。

做法：

① 将红枣、黑米、花生米一同放入铁锅。

② 加水 400 毫升，大火煮沸后改小火熬成粥。

③ 用锅铲将红枣捣成泥状，拣去枣皮及枣核，加入白糖调味。

用法用量： 可供早、晚餐服食。

功效： 健脾益气，养心补血。主治心脾两虚型小孩贫血。

养生小语： 将花生连红衣一起与红枣配合使用，既可补虚，又能

止血。

烹饪指导：在花生的诸多吃法中以炖吃为最佳。这样既避免了招牌营养素的破坏，又易于消化。

菠菜羊肝汤

材料：羊肝 50 克，菠菜 75 克，鸡蛋 1 个。

做法：

① 羊肝洗净切片，放入砂锅加水适量，煮熟后将羊肝捣碎。

② 菠菜洗净入锅，加佐料，打入鸡蛋，蛋熟即可服食。

用法用量：适量食用。

功效：补血，适用于小孩缺铁性贫血。

养生小语：菠菜含有草酸，圆叶品种含量尤多，食后影响人体对钙的吸收，因此，食用此种菠菜时宜先煮、去掉菜水，以减少草酸含量。

苁蓉虫草鸡

材料：母鸡 1 只，肉苁蓉（大芸）6 克，冬虫夏草 3 克，葱、姜、盐适量。

做法：母鸡去毛、内脏，洗净，将中药装袋放入鸡肚中。加葱、姜、盐、水适量炖煮，至鸡肉熟烂。

用法用量：佐餐适量服食。

功效：治疗小孩贫血。

养生小语：冬虫夏草味甘、性温，是适合人群最广的补品。药性温和，不像人参会使人产生燥热，有人参之益而无人参之害。

补血黑米糕

材料：黑米 500 克，白糖 500 克。

做法：

① 黑米洗净，放入碗中，加水适量，隔水蒸熟成米饭。

② 凉后将白糖拌入米饭内搅匀，倒入撒有白糖的大盘内。

③ 上面再撒一层白糖，黑米糕压平，切成若干块。

用法用量：代替点心随意服食。

功效：治疗小孩贫血。

养生小语：黑米味甘、性温，能够益气补血，所含营养成分多聚集在黑色皮层，故不宜精致加工，以食用糙米为宜。

烹饪指导：煮粥时，夏季将黑米用水浸泡一昼夜，冬季浸泡两昼夜。淘洗次数要少，泡米的水要与米同煮，以保存营养成分。

参芪当归羊肉汤

材料：羊肉 250 克，党参、黄芪、当归各 10 克，葱、姜各适量。

做法：

① 羊肉切丁，用葱、姜炒至变色。

② 党参、黄芪、当归装入纱布袋内，与羊肉一同置入砂锅中，加水

及佐料。

③ 文火煨至羊肉熟烂。

用法用量： 搭配正餐食肉喝汤。

功效： 治疗小孩贫血。

养生小语： 当归味甘、辛、微苦。柴性大、干枯无油或断面呈绿褐色者不可供药用。

参枣汤

材料： 红枣 20 克，党参 15 克，白糖适量。

做法：

① 红枣洗净，用水浸泡一小时。

② 与党参一起以文火同煮 20 分钟，去渣取汁，加入适量白糖搅匀。

用法用量： 每天服用一剂，分两次服用。

功效： 治疗小孩贫血。

养生小语： 党参补气兼能养血，与红枣搭配可以补中益气。

枸杞南枣荷包蛋

材料： 枸杞 5 克，南枣（南方产的红枣）3 枚，鸡蛋 3 个。

做法：

① 枸杞、南枣洗净，加水适量煮沸后改小火炖 40 分钟。

② 将鸡蛋打入锅内，继续加热五分钟即可。

用法用量： 喝汤，吃鸡蛋、枸杞和枣肉，每天服用两次。

功效： 治疗小孩贫血。

养生小语：枸杞温热身体效果明显，所以正在患感冒发烧、炎症、腹泻的人最好别吃。

黄豆猪肝

材料：猪肝50克，黄豆适量。

做法：

① 猪肝洗净切片。

② 黄豆清水泡发，入锅，加适量水煮熟。

③ 放入猪肝片，煮熟，加少许佐料即可。

用法用量：每日一剂，分三次吃完。

功效：滋养肝肾。主治肝肾阴虚型小孩贫血。

养生小语：黄豆营养丰富，能够加工成多种食品。但若加热不充分，食用后可引起中毒。干炒黄豆不能完全破坏其毒素，所以不能多食。

烹饪指导：生黄豆中含有抗胰蛋白酶因子，影响人体对黄豆内营养成分的吸收。所以食用黄豆及豆制食品，烧煮时间应长于一般食品。

鲜茄炒猪肝

材料：猪肝100克，紫心番薯250克，番茄2个，面粉50克，酱油、盐、糖各适量，淀粉少许。

做法：

① 猪肝用盐腌十分钟，用水冲洗后，切成碎粒。

② 番薯连皮洗干净，整个放在水中煮软，捞起剥皮，压成泥状。

③ 加入肝粒、面粉，搅拌成糊状。

④ 用手捏成厚块，放进油锅中煎至两面呈金黄色，为肝扒。

⑤ 番茄切成块，放入油锅中加酱油、盐、糖略炒，将淀粉芡汁淋在肝扒上即成。

用法用量：根据小孩的口味随意食用。

功效：治疗小孩贫血。

养生小语：此菜肴适合 6 ～ 12 个月的宝宝和学龄前儿童食用。肝含铁多，可帮助构成红细胞中的血色素。

温馨提醒：

一般而言，婴幼儿的贫血是由缺铁引起的。缺铁性贫血的患儿，如果注重平时饮食，多吃含铁量高的食品，可有效改善贫血症状。

含铁食品主要有黄豆及其豆制品、芹菜、柚子、猪心、猪肚、动物血液、瘦肉、动物肝脏、桃、李、杏、红枣、鸡蛋黄、无花果、菠菜、葡萄干、蘑菇、橘子、木耳、油菜和黑豆等。

第三章

妇科问题的中医食疗菜单

第一节

女性带下的药膳调理

带下是一种妇科常见病，主要表现为带下增多，颜色气味异常，以白带、黄带、赤白带最为常见。女性带下常见症型有三种，分别为脾虚湿盛型带下、肾虚寒湿型带下和湿热湿毒型带下。建议女性朋友先去医院认定带下症型，再采取相关的食疗药膳治疗措施。

治疗女子带下的常见药膳食疗如下。

猪腰汤

材料：猪肾（猪腰子）2 个，桑葚 3 克，韭菜籽 10 克，菟丝子 20 克，生姜 1 片。

做法：

① 将桑葚、韭菜籽和菟丝子、生姜清洗干净用白纱布包好。

② 猪肾切开去掉白脂膜，用清水清洗干净后切成厚片。

③ 将上述材料隔水炖三个小时，调味即可。

用法用量：随量喝汤吃猪腰子。

功效：此法能有效补益肝肾，对于女性带下有显著疗效。

养生小语：以猪肾为补，肾虚热者宜食之；若肾气虚寒者，非所宜矣。

白扁豆汤

材料：去皮白扁豆 20 克，山药 30 克，红糖适量。

做法：上述材料一同煮汤，加适量红糖再煮片刻即可食用。

用法用量：每天分两次服用，连续服用。

功效：对于赤白带下和脾虚有湿有明显疗效。

养生小语：白扁豆宜与粳米煮粥，健脾之力更强，对脾胃素虚、食少便溏颇有效果，更为中老年人的长寿粥膳佳品。

羊肝韭菜

材料：韭菜 150 克，羊肝 250 克，植物油和食盐适量。

做法：

① 韭菜清洗干净切段备用。

② 羊肝洗净切片，用植物油大火煸炒片刻。

③ 放入韭菜一起炒，加适量食盐调味即可食用。

用法用量：随量食用。

功效：对于女性月经不调和经漏带下都有显著疗效。

养生小语：羊肝味甘、苦，性凉，有益血、补肝、明目的作用。其中补益功效以青色山羊肝最佳。

饮食禁忌：羊肝忌同猪肉、梅子、红豆、生椒一起食用。

烹饪指导：肝是体内最大的毒物中转站和解毒器官，所以，买回的新鲜羊肝不要急于烹调，应该把肝放在水龙头下冲洗十分钟，然后放在水中浸泡 30 分钟。

红豆粥

材料：粳米和红豆各 100 克，白糖适量。

做法：

① 红豆清洗干净后放入锅中煮烂。

② 放入粳米一起熬煮成粥，加入适量白糖调味。

用法用量：每天早餐时食用，连续服用一周。

功效：对于湿热所致的带下量多，或黄或白，带下稠浊等有良好疗效。

养生小语：红豆长于利水祛湿，故水肿、泻痢黄疸多用之；绿豆长于清暑解药毒，故暑热烦渴及药物中毒等多用之；黑豆长于祛风解毒，故风痹痉挛、产后风痉、痈肿热毒等多用之。

六味红枣粥

材料：红枣 10 枚，赤芍、白砂糖、延胡索、山楂条和银柴胡各 10 克，白米 60 克，马齿苋 25 克。

做法：

① 将马齿苋、银柴胡、延胡索和赤芍加水 1 升大火烧开。

② 再用文火煮半个小时后滤去渣滓。

③ 将白米和红枣放入药汁熬粥，加入山楂条和白糖调味拌匀即可。

用法用量：每天服用三次。

功效：具有清热除湿、化瘀止痛的良好作用。适用于湿热等症。

养生小语：马齿苋性寒、味甘酸，适宜妇女赤白带下及孕妇临产时食用。

饮食禁忌：马齿苋忌与甲鱼同食，否则会使食用者肠胃消化不良，食物中毒等。

绿豆粳米粥

材料：粳米100克，金银花30克，绿豆30～60克，萆薢30克，白糖适量。

做法：

① 将萆薢和金银花清洗干净后煎汁。

② 将绿豆和粳米一同放入药汁中煮粥，然后加入白糖调味即可食用。

用法用量：每天服用一次，温热服用。

功效：清热解毒，对于湿热带下有很好的疗效。

养生小语：绿豆清凉解毒，热性体质及易患疮毒者尤为适宜。

腐竹白果粥

材料：白果12克，腐竹50克，粳米100克。

做法：将白果去壳皮，同腐竹、粳米同煮为稠粥。

用法用量：每日一次，空腹食。

功效：适用于脾虚带下。

养生小语：白果有小毒，不宜多食。

 温馨提醒：

女性带下患者的饮食宜忌。

白带量多清稀一般而言是脾肾虚弱所导致的，要注意吃一些强健脾脏、滋补肾脏和补气养血的温热性食品，不宜吃品性寒凉的食品，比如生冷瓜果等。赤白带或者黄带女性，应该多吃清淡寒凉的食品，不要吃辛辣刺激性的食品、油腻食品和煎炸食品。

第二节

闭经、月经不调和痛经的食疗方法

1. 闭经的药膳调理

中医认为，体弱多病、肾气不足、产后失血、体质肥胖、精亏血少以及精神紧张刺激等，都有可能引发闭经。

下面是几种常见的治疗闭经的药膳方法。

鳖甲炖鸽

材料：鸽子 1 只（中等大小），鳖甲 50 克。

做法：

① 鸽子去毛、取出内脏，清洗干净。

② 鳖甲研碎，放入鸽子肚子内。

③ 将鸽子放入砂锅，文火炖熟后调味服食。

用法用量：隔一天服用一只，每月连续服用五六次。

功效：滋补精血，对于肝肾不足引起的闭经有明显疗效。

养生小语：鳖甲味咸、性寒，可以治疗经闭等症。虚而无热者忌用。

烹饪指导：选择鳖甲以身干、个大、无残肉、洁净者为佳。

桂圆粥

材料：薏仁 30 克，干桂圆肉 9 克，红糖适量。

做法：上述材料一同煮粥，加入适量红糖调味即可食用。

用法用量：每天服用一剂。

功效：具有健脾养血调经的作用，适用于气血虚弱型闭经。

养生小语：准妈妈不宜吃桂圆，桂圆性甘温，不仅不能保胎，反而易出现漏红、腹痛等先兆流产症状。

川芎蛋

材料：鸡蛋 2 个，川芎 8 克，红糖适量。

做法：上述材料加水同煮，鸡蛋煮熟剥去蛋壳再煮片刻，去掉川芎渣子，加适量红糖搅拌即成。

用法用量：吃蛋饮汤。每天分两次服用完毕，每月连续服用 5 ～ 7 次。

功效：具有活血行气的作用，对于气血瘀滞型闭经有很好的疗效。

养生小语：川芎味辛、性温，阴虚火旺、上盛下虚及气弱之人忌用。

牛血汤

材料：新鲜的牛血块 200 克，桃仁 12 克，食盐、味精适量。

做法：将牛血块和桃仁放入砂锅，加适量清水煲汤。再加入适量食盐和味精调味即可。

用法用量：随量食用。

功效：有效破瘀、行血和通经，对于气血瘀滞型闭经有较好的治疗效果。

养生小语：桃仁为破血祛瘀的常用药物，治闭经、痛经、产后腹痛、症瘕积聚等气滞血瘀之症，亦可润燥滑肠而通便。

莲子粥

材料：糯米 100 克，红枣 20 枚，桂圆肉和莲子肉各 50 克。

做法：将上述材料放入锅中，加适量清水，慢火煮粥后即可食用。

用法用量：随量食用。

功效：能有效健脾益气、养心宁神，适用于因脾虚血亏引起的闭经。

养生小语：有感冒现象者不适合吃桂圆，易上火。

墨鱼汤

材料：墨鱼肉 200 克，地骨皮 10 克，麻油、食盐适量。

做法：

① 墨鱼肉清洗干净切成片，地骨皮煎成汁。

② 将地骨皮药汁和墨鱼一起放入锅内，加少许清水煮汤。

③ 加入适量麻油和食盐调味能通经活血、清热养阴。

用法用量：随量饮汤吃墨鱼。

功效：对于阴虚血燥型闭经疗效显著。

养生小语：明朝医生李时珍称墨鱼为"血分药"，是妇女贫血、血虚闭经的佳珍。也可以用于治疗脾虚水肿、脚气、小便不利。

饮食禁忌：墨鱼与茄子相克，勿同食。

墨鱼炒姜丝

材料：去骨墨鱼 400 克，生姜 50 ～ 100 克，食油、食盐各适量。

做法：

① 墨鱼清洗干净切片，生姜洗净切丝。

② 锅内放油，将姜丝和墨鱼同炒，加适量食盐调味。

用法用量：每天吃两次，佐餐。

功效：常吃具有补益脾胃、补血通经和散风寒的功效，适用于血虚闭经。

养生小语：墨鱼味甘、性寒，脾胃虚寒的人应少吃。

鸡金粥

材料： 生山药 45 克，糯米 50 克，鸡内金 13 克。

做法：

① 生山药洗干净切片，糯米淘洗干净备用。

② 将鸡内金用文火炖煮一个小时，加入糯米和山药煮粥后即可食用。

用法用量： 每天服用两次。

功效： 具有健胃消食、活血通经的作用，对于气滞血瘀所致的闭经疗效显著。

养生小语： 山药有收涩的作用，故大便燥结者不宜食用。

温馨提醒：

节食不当容易引发闭经。

有些女性为了身材苗条，不惜放弃美味而节饮缩食。殊不知不科学的节食，会导致人体营养供应补给下降，进而引发闭经。

人体大脑内有两个和食物有关的中枢：摄食中枢和饱食中枢。当人们强制节食时，两个食欲中枢的功能会发生错乱，导致脑垂体分泌的促黄体生成素和促卵泡素相继减少，进而引发闭经症状。所以专家提醒，减肥之前要认真了解自身的身体状况，配合专家建议来节食减肥，不可不科学的盲目节食减肥。

同时有专家称，女性如果经常素食，会破坏体内的激素分泌，导致月经周期紊乱或者闭经。医学专家建议，女性膳食要荤素科学搭配，比例得当。

2. 月经不调的食疗方法

月经不调也叫月经失调，是一种妇科常见病，具体表现为月经周期和月经期间出血量异常，经前或者经期容易腹痛。

治疗月经不调的食疗药膳方法如下。

马兰卤香干

材料：新鲜马兰头 400 克，卤香干 4 块，味精、糖、盐、麻油各适量。

做法：

① 卤香干切末。

② 马兰头择洗干净，在开水中焯一分钟取出浸入冷水。

③ 凉后切成碎末和卤香干搅拌，用味精、精盐和白糖调味，加入适量麻油拌匀即成。

用法用量：佐餐当菜，随意服食。

功效：清热凉血，对于月经不调有很好的辅助治疗作用。

养生小语：马兰头属野生佳蔬，抗病虫性强，无须施肥料、农药，故不受农药污染，

是难得的天然保健食品。

豆豉羊肉

材料：生姜 15 克，羊肉 100 克，豆豉 500 克，食盐适量。

做法：

① 将生姜洗净切片。

② 羊肉洗净，沸水中焯去血污，切块。

③ 生姜和羊肉加上豆豉，一同放进砂锅中煮至熟烂，加适量食盐调味。

用法用量：每次月经前一周开始服，连续服用一周。

功效：具有养血调经和温经散寒的功效，适用于月经不调、属血寒型的女性。

养生小语：羊肉性温热，常吃容易上火。因此，吃羊肉时要搭配凉性和甘平性的蔬菜，能发挥其清凉、解毒、去火的作用。

茯苓乌鸡

材料：乌鸡 1 只（中等大小），红枣 10 枚，茯苓 9 克。

做法：

① 将乌鸡清洗干净，用开水焯去血污。

② 将红枣和茯苓放

入鸡腹内，用清洁的丝线缝合好。

③ 将乌鸡放入砂锅内煮烂，除去药渣即可。

用法用量： 分成两等份，一天分两次服用，喝鸡汤食鸡肉，月经之前连服三剂。

功效： 具有补气益血调经的作用，适用于月经不调、属气虚型的女性。

养生小语： 乌鸡被人们称作"名贵食疗珍禽"，适合一切体虚血亏、肝肾不足、脾胃不健的人食用。

烹饪指导： 乌鸡连骨（砸碎）熬汤滋补效果最佳。炖煮时最好不用高压锅，使用砂锅文火慢炖最好。

水鱼菜肉汤

材料： 500克大小的水鱼1条，瘦猪肉200克，木耳15克，金针（黄花菜）30克，食盐适量。

做法：

① 水鱼剖腹洗净，木耳泡发洗净，金针洗净。

② 瘦猪肉用开水焯去血污，洗净切成块。

③ 将上述材料加水适量，炖盅加盖隔水炖两三个小时。

④ 煮烂后加入食盐等调味即可食用。

用法用量： 随量食用。

功效： 此药膳具有补肾和血、滋阴降火的功效，适用于月经不调、属血虚型的女性。脾胃寒湿者不宜食用。

养生小语： 吃鱼别丢掉鱼鳞。鱼鳞是一种营养价值很高的佳品，具有多种营养保健及医疗作用，而且味道醇厚可口。

红枣姜豆汤

材料：红枣 6 枚，生姜 3 片，黑豆 50 克。

做法：将上述材料一同加水煎煮，一直到黑豆熟烂。

用法用量：喝汤吃枣吃黑豆，每天服用一剂，月经前三天开始服。

功效：补血调经，对于月经不调、属血虚型的女性患者有很好的补益作用。

养生小语：黑豆虽属保健佳品，但一定要煮熟吃，因为生黑豆中有一种叫抗胰蛋白酶的成分，会影响蛋白质的消化吸收，引起腹泻。

青皮山楂粥

材料：青皮 10 克，生山楂 30 克，粳米 100 克。

做法：

① 将青皮和生山楂放入砂锅，加适量水浓煎 40 分钟，滤去渣滓留汁液待用。

② 粳米淘洗干净后放入砂锅，小火煨成稠粥。

③ 粥快熟时，放入煎好的药液拌匀，继续小火煮沸即可食用。

用法用量：早晚两次服用。

功效：具有调经止痛和理气活血的良好功效，对于月经不调、属气滞血瘀型的女性有很好的治疗效果。

养生小语：孕妇喜酸但不宜多吃山楂。因为山楂有收缩子宫平滑肌的作用，所以有可能诱发流产。

艾叶糖米粥

材料： 新鲜艾叶 30 克（干艾叶 15 克），南粳米 50 克，红糖适量。

做法：

① 将艾叶清洗干净后煎汁，滤去渣滓。

② 将红糖和粳米一同放入药液中熬粥。

用法用量： 每天早晚两次温热服用。月经来之前的三天停止服用，月经过后三天开始服用。

功效： 具有散寒止痛和温经止血的功效。对于虚寒性痛经以及月经不调、小腹冷痛等症状有明显疗效。

养生小语： 阴虚血热的女性不宜服用此药膳。

当归炖羊肉

材料： 当归 100 克，瘦羊肉 1 千克，生姜 60 克，食油、食盐少许。

做法：

① 当归用纱布包好，瘦羊肉洗净用开水烫去血污、腥臊，切块。

② 生姜切片，在油锅中稍微炒一会儿，再放入羊肉块一起炒。

③ 将羊肉的血水炒干后，放入清水和当归，加入适量食盐调味，小火焖煮至熟。

用法用量：可以随意吃，分多次吃完。

功效：具有补血温中和调经祛风的作用。对于女性血虚经少和月经不调很有疗效。

养生小语：炖羊肉由于在煮的过程中保持了原汤原汁，能最大限度地维持营养。

 温馨提醒：

女性月经期间的饮食禁忌。

女性经期的饮食需要多加注意，不宜进食以下食品。

（1）生冷类食品：对于中医所说的寒性食品都要禁食和少吃。寒凉类食品具有滋阴降火和清热解毒的作用，平时食用对人体都有益处，但月经期间要少吃或不吃，以免造成月经不调和痛经。

生冷类食品包括白糖、酱油、绿豆芽、绿豆、茶叶、鸭肉、蛋白、蟹、蛤、蚌、海带、紫菜、西瓜、香蕉、梨、橘、橙、枇杷、甘蔗、柿子、猕猴桃、杨桃、香瓜、柚子、竹笋、冬瓜、黄瓜、丝瓜、苦瓜、豆腐、芹菜、小白菜、大白菜、菠菜、金针、茄子、莲藕、茭白、薏仁等。

（2）辛辣类食品：辛辣性食物比如辣椒、葱、姜、蒜、芥末、酒类饮品、洋葱、花椒、肉桂和胡椒、丁香等，容易引发经血过多和痛经症状，女性月经期间不宜食用。

3. 女性痛经的食疗方法

痛经的常见病型分为肝郁气滞、寒凝血瘀和气血不足三种类型。以下的药膳方根据不同的情况进行具体施治。

寒湿凝滞型痛经的药膳食疗方法

寒湿凝滞型痛经具体症状为月经前期或者月经后小腹绞痛或者冷痛、经水量减少、月经颜色变淡夹杂白块，或者呈现黑豆汁状以及舌边发紫或牙龈紫黯等。

当归羊肉汤

材料：羊肉 500 克，生姜片和当归各 25 克，桂皮和其他调味料各适量。

做法：上述材料加入锅内水煮，直到羊肉熟烂即可食用。

用法用量：每天吃一剂，一日吃两次。

功效：可有效治疗女性痛经。

养生小语：羊肉汤中不宜加醋，心脏功能不良及血液病患者应特别注意。

山楂桂皮汁

材料：红糖 50 克，山楂肉 10 克，桂皮 6 克。

做法：上述材料煎汁。

用法用量：每天服用一剂。

功效：适用于女性痛经。

养生小语：桂皮香气浓郁，含有可以致癌的黄樟素，所以食用量越少越好，且不宜长期食用。

茴姜汁

材料：红糖 30 克，生姜 20 克，小茴香 15 克。

做法：生姜切片，连同红糖、小茴香一起煎汁。

用法用量：饮服，每天服用一剂。

功效：对女性痛经疗效显著。

养生小语：红糖中的糖蜜含量较高，水分和杂质也较多，在存放中极容易受乳酸菌的侵害，所以不宜久放。

香附煮鸡蛋

材料：鸡蛋 3 个，艾叶和香附各 30 克。

做法：上述材料一起加水煮到蛋熟后去壳，继续煮 20 分钟。

用法用量：吃鸡蛋，每天服用一剂，连续服用两三剂。

功效：可有效治疗痛经。

养生小语：香附调经止痛，凡气虚无滞、阴虚血热者忌服。

气血虚弱型痛经的药膳食疗方法

气血虚弱型痛经表现症状为脸色苍白、精神疲倦、困乏无力、腰膝酸软和月经色淡量少等。

皮姜胡草鸡

材料：500 克大小的雄乌鸡 1 只，陈皮和良姜各 3 克，胡椒 6 克，草果 2 个，葱、食醋各适量。

做法：乌鸡洗净后切块，与上述材料一起加适量葱和醋煮炖至熟烂。

用法用量：吃肉喝汤，每天吃两次。

功效：可有效治疗女性痛经。

养生小语：鸡肉的营养价值要高于鸡汤，在吃鸡肉的同时兼喝点美味可口的鸡汤，既能刺激胃酸分泌，又有助于消化吸收，这才是正确的饮食方法。

韭菜糖汁

材料：韭菜 250 克，红糖 100 克。

做法：韭菜清洗干净捣烂取汁。红糖加水煮沸，加入韭菜汁饮用。

用法用量：痛经时每日服用一次，连服两三天。

功效：可有效治疗女性痛经。

养生小语：《本草纲目》有"正月葱，二月韭"的记载，早春生长的韭菜有助于人体健康。

烹饪指导：选购的韭菜以叶直、鲜嫩翠绿为佳，这样的韭菜营养素含量较高。

红枣姜汁

材料：红糖 100 克，红枣 10 枚，生姜 10 克。

做法：红糖、红枣和生姜加水煎汁。

用法用量：月经之前服用，每天服用一剂，连续服用 3 ～ 5 剂。

功效：对痛经有疗效。

养生小语：体质燥热者不适合在月经期间喝红枣水，这可能会造成经血过多。

肝肾亏损型痛经的药膳食疗方法

肝肾亏损型痛经的具体表现症状为月经后腰膝酸软、头晕耳鸣、小腹作痛和舌淡苔薄等。

女贞子粥

材料：女贞子 10 克，粳米 100 克，肉桂末 2 克。

做法：

① 将女贞子煎汁后滤去渣滓。

② 粳米加入女贞子汤中煮粥，放入肉桂末调匀服用。

用法用量：每天服用一剂，分为两次服用。

功效：具有温经止痛和滋补肾脏的作用，适用于痛经和肝肾亏损等症状。

养生小语：煮好的女贞子粥适宜晚餐时食用，第二天早上起床后，感觉神清气爽，精力充沛。

黑豆炖鸡蛋

材料：黑豆 60 克，鸡蛋 2 个，甜酒 12 克。

做法：

① 黑豆和鸡蛋加水适量，文火煎煮。

② 蛋熟后去掉蛋壳再煮几分钟，然后放入甜酒服用。

用法用量：随量服用。

功效：有效治疗女性痛经。

养生小语：黑豆宜同甘草煎汁饮用，适宜各种食物或药物中毒之人。

贞花山药鸡

材料：公鸡1只（中等大小），女贞子和月季花各30克，山药60克。

做法：上述材料一起炖熟。

用法用量：吃肉喝汤，每月一剂，行经时服，连续服用三个月。

功效：有效治疗痛经。

养生小语：女贞子有补肝肾和乌发明目之效，但不像枸杞一样酸甜，有苦味，又很干涩，故不能直接吃。

第三节

女性崩漏的药膳调理

所谓崩漏指的是妇女子宫出血没有周期。突然发生、出血量极大的称为崩；出血量小、病势徐缓、淋漓不断的称为漏。崩和漏虽然出血情况不同，但是发病过程中很容易互相转化。青春期和更年期女性比较容易出现崩漏症状。

几款常用的崩漏药膳食疗方法如下。

萸药粥

材料： 山萸肉 60 克，山药 30 克，粳米 100 克，白糖适量。

做法：

① 山萸肉和山药煎汁滤渣。

② 加入粳米和适量白糖煮成稀粥。

用法用量： 每日早晚温热服用两次。

功效： 具有补肾敛精的作用，对于肾虚型崩漏有明显疗效。

养生小语： 此药膳不适合因热致病者服用。

棉籽粉

材料： 棉籽饼 100 克，黄酒适量。

做法： 将棉籽饼用砂锅焙干，研成细粉末。

用法用量： 用黄酒冲服。

功效： 有效止血，适用于女性崩漏。

养生小语： 相较于白酒、啤酒，黄酒酒精度适中，是较为理想的药引子。

韭菜豆浆汁

材料： 韭菜 250 克，豆浆 1 碗。

做法： 韭菜择洗干净，捣烂滤渣取汁，兑入豆浆即可。

用法用量： 空腹一次饮下。

功效： 具有补气温经的功效，适合女性崩漏。

养生小语： 饮豆浆忌放红糖，否则会产生变性物质及乳酸钙等块状物，有损其营养，不利于吸收。

白茅煮鸡蛋

材料： 鲜白茅根和侧柏叶各 90 克，鸡蛋 3 个。

做法：

① 鲜白茅根、鸡蛋和侧柏叶一同放入清水中煮。

② 鸡蛋煮熟后去掉蛋壳，再煮 30 分钟。

用法用量：每天晚饭前服用一次，连续服用五到七天。

功效：具有凉血止血的功效，适合女性崩漏。

养生小语：白茅根味甘性寒，尤以热症而有阴津不足现象者最为适用。

百草鸡蛋

材料：鸡蛋 3 个，百草霜 10 克。

做法：鸡蛋打破和百草霜搅拌均匀，放锅内干炒，鸡蛋炒熟后即可。

用法用量：随量服用。

功效：对于止血有良好效用，适合女性崩漏。

养生小语：鸡蛋和白糖同煮，会使鸡蛋蛋白质中的氨基酸形成果糖基赖氨酸的结合物。这种物质不易被人体吸收，对健康会产生不良作用。

饮食禁忌：鸡蛋不能与兔肉同吃。

陈皮麦米粥

材料：粳米和大麦仁各 50 克，炒陈皮 10 克，生苎麻 30 克，食盐少许。

做法：将陈皮和生苎麻洗净后煎汁去渣，放入大麦仁和粳米一同煮粥，粥快要熟时放入少许食盐。

用法用量：两次服完，每天早晚空腹趁热服用。

功效：具有止血、凉血的功效，十分适合血热崩漏症状。

养生小语：裸大麦中 β 葡聚糖和可溶性纤维含量高于小麦，可做保健食品。

红米地黄粥

材料：生地黄50克，红米100克，冰糖适量。

做法：

① 生地黄洗净煎汁滤渣。

② 在生地黄液中加水放入红米一起煮粥，煮沸后加适量冰糖，煮成粥后即可食用。

用法用量：每天早晚温热空腹食用。

功效：具有凉血止血和清热生津的功效，适合血热崩漏症状。

养生小语：此粥不宜长期食用。服用期间要禁食韭白、薤白、萝卜和葱白等食品。

三七红枣粥

材料：粳米100克，红枣5枚，三七3克，冰糖适量。

做法：

① 粳米淘洗干净，红枣洗净去核，三七打破研末。

② 上述材料一起放入砂锅内，加适量水煮粥。

③ 粥快要熟时加入适量冰糖即可食用。

用法用量：每日服用两次。

功效：具有化瘀清热和补血止血的良好功效，对于崩漏下血有良好疗效。

养生小语：三七有"止血神药"之称，散瘀血，止血而不留瘀，对出血兼有瘀滞者更为适宜。

阿胶米粥

材料：糯米 100 克，阿胶 30 克，红糖适量。

做法：

① 糯米淘洗干净，阿胶捣碎。

② 将糯米放入锅中加适量清水，旺火煮沸后改用慢火细熬。

③ 米粥快要煮熟时放入阿胶，一边煮一边搅匀。

④ 煮一两滚后放入适量红糖即可。

用法用量：每天服用两次，三到五天为一疗程。

功效：具有滋阴补虚、养血止血的功效，对于子宫出血及血虚等都有很好疗效。

养生小语：此药膳最好间断服用，连续服用有可能出现胸满气闷的现象。脾胃虚弱者不宜多食。

葱白鸡肉粥

材料：公乌鸡 1 只（中等大小），10 厘米左右的葱白 3 条，糯米 100 克，食盐和花椒各适量。

做法：

① 鸡毛去净，清除内脏，用清水洗净。

② 切块后放入沸水中焯去血污，捞起来再洗净入锅煮烂。

③ 放入糯米、花椒、食盐和葱白炖煮成粥即可食用。

用法用量：每天空腹食用两次。

功效：益气养血，止崩安胎，对于脾虚血亏而致的暴崩下血或淋漓不净有良好疗效。

养生小语：葱白有发汗解热的功效，因此在防治感冒上，它可与生姜媲美。

第四节

妊娠贫血的药膳调理

阿胶羹

材料： 阿胶 6 克，鸡蛋 2 个，料酒少许。

做法：

① 阿胶研碎成末。

② 鸡蛋打破调匀，放入阿胶和适量料酒，在锅内隔水蒸 15 分钟即可食用。

用法用量： 随量食用。

功效： 此法具有滋阴补血的功效，适用于妊娠血虚、贫血等症。

养生小语： 阿胶味甘、性平，为补血之佳品，对出血而兼见阴虚、血虚症者尤为适宜。

阿胶粥

材料： 糯米 50 克，阿胶 30 克。

做法：

① 将糯米放入适量的水中，用旺火煮。

② 快要熟时加入阿胶粉，用文火煮熟即可。

用法用量：睡前或者早晨服用。

功效：能治疗血虚型的妊娠贫血。

养生小语：阿胶性质黏腻，有碍消化，凡脾胃虚弱、纳食不消及呕吐泄泻者均忌服。

木耳冰糖

材料：白木耳 30 克，红枣 30 枚，冰糖适量。

做法：

① 红枣洗净，白木耳用温水泡发洗净。

② 红枣、白木耳一起放入碗中加适量冰糖和水，隔水蒸一小时后即可食用。

用法用量：带皮吃红枣和木耳，每天服用两次。

功效：具有补气养血的功效，适用于女性妊娠贫血等症。

养生小语：白木耳含有抗肿瘤活性物质，能增强身体免疫力，经常食用可防癌、抗癌。

糯米粥

材料：黑豆和红枣各 30 克，糯米 100 克，适量红糖。

做法：上述材料一起煮粥，加适量红糖调味即可食用。

用法用量：随量食用。

功效：妊娠贫血者以此为早餐，对于贫血的疗效很好。

养生小语：糯米性极柔黏，难以消化，故脾胃虚弱者不宜多食。

桂圆莲子粥

材料：莲子和桂圆各 15 ～ 30 克，糯米 20 ～ 60 克，红枣 5 ～ 10 枚，白糖适量。

做法：莲子去掉外皮和莲芯，红枣去核，与糯米和桂圆一同煮粥后加白糖适量即可。

用法用量：作为早餐食用。

功效：对于妊娠贫血气虚等症有明显疗效。

养生小语：桂圆大补，不宜久用。莲子能平补不峻，可以久服。

地黄粥

材料：熟地黄 30 克，粳米 60 克。

做法：

① 将熟地黄用纱布包好放在砂锅内，加 500 毫升水浸泡片刻，用文火慢煮。

② 砂锅内药汁呈棕黄色后，放入粳米煮成药粥。

用法用量：空腹趁热随量服用。

功效：对于女性阴虚的妊娠贫血疗效显著。

养生小语：地黄可分为生地和熟地两种，《本草纲目》记载："地黄生则大寒，而凉血，血热者需用之，熟则微温，而补肾，血衰者需用之。

男子多阴虚，宜用熟地黄，女子多血热，宜用生地黄。"

黄鱼荠菜卷

材料：黄鱼肉 100 克，小苏打 1.5 克，肥猪肉 25 克，鸡蛋清 300 克，葱末 2.5 克，荸荠 25 克，油皮 50 克，荠菜 25 克，面粉 60 克，植物油 1 千克（耗用 60 克），香菜 5 克，调味料适量。

做法：

① 将荠菜择洗干净，切成末，放入一半量的蛋清与淀粉调成稀糊。

② 肥猪肉、黄鱼肉洗净，荸荠去皮后洗净，全部切成细丝。

③ 将以上材料调在一起，另加入鸡蛋清、料酒、盐、香油、味精等混合成肉馅。

④ 油皮一张切成两半，将混合好的鱼肉馅在上面摊成长条，再卷成长卷。

⑤ 在卷好的油皮上抹上稀糊，切成 3～4 厘米的小段。

⑥ 把面粉、小苏打调匀成面糊。

⑦ 将已切好的鱼卷蘸上面糊，放在油锅中炸成金黄色即成。

用法用量：佐餐食用。

功效：可以防治孕妇缺铁性贫血。

养生小语：黄鱼是发物，哮喘病人和过敏体质的人应慎

食。不能与中药荆芥同食。

牛肉炒菠菜

材料：牛里脊肉 50 克，菠菜 200 克，淀粉、酱油、料酒各 5 克，植物油 20 克，葱、姜末适量。

做法：

① 将牛里脊肉切成薄片。

② 将牛肉片泡入淀粉、酱油、料酒、姜末调好的汁中。

③ 菠菜择洗干净，用开水焯一下，捞出，沥干水分，切成段。

④ 锅中放油烧热，放入姜、葱末煸炒，把泡好的牛肉片放入，用旺火快炒后取出。

⑤ 将剩下的油烧热后，放入菠菜、牛肉片，用旺火快炒几下，放盐，拌匀即成。

用法用量：佐餐食用。

功效：牛肉具有补脾胃、益气血的作用，菠菜含铁丰富，适合妊娠缺铁性贫血患者食用。

养生小语：牛肉不宜常吃，以一周一次为宜。

酥肉条

材料：瘦猪肉 200 克，鸡蛋 30 克，淀粉 25 克，植物油 500 克，面粉 10 克，香油 25 克，白糖 100 克。

做法：

① 把猪肉切成宽 0.5 厘米、长 3 厘米的肉条，放进鸡蛋、淀粉、面

粉拌匀。

② 植物油烧热，放入肉条，将肉炸到金黄色捞出。

③ 放入香油烧热，加入白糖，用微火熬到起泡。

④ 可以拉丝时，将炸好的肉条放入，迅速搅一下，即盛盘中。

用法用量： 佐餐食用。

功效： 适用于妊娠贫血患者。

养生小语： 猪肉脂肪含量比较高，吃多了容易造成高血脂和高血压。专家建议每天吃肉不要超过 200 克。

第五节

妊娠呕吐的药膳调理

蔗姜汁

材料：甘蔗汁和生姜汁各 100 毫升。

做法：甘蔗汁、生姜汁混合，隔水烫温。

用法用量：每次服 30 毫升，每日三次。

功效：清热和胃，润燥生津，降腻止呕。

养生小语：蔗汁本身带凉，体质虚寒人士不宜多饮，若寒咳（痰白而稀）者误饮，病情有可能加重。

姜汁牛奶

材料：鲜奶 200 毫升，生姜汁 10 毫升，白糖 20 克。

做法：将鲜奶和生姜汁、白糖搅拌均匀，旺火煮沸后即可。

用法用量：每天两次温热服用。

功效：具有止呕除腻和补益胃肠的功效，对于妊娠呕吐者有显著疗效。

养生小语：生姜具有解毒杀菌的作用，我们在吃皮蛋或鱼蟹等水产时，可以放上一些姜汁。

山药炒肉

材料： 鲜山药 100 克，生姜 5 克，瘦肉 50 克，食盐、食油适量。

做法：

① 鲜山药洗净切片，生姜洗净切丝，瘦肉洗净切片。

② 山药片与肉片一起放在油锅内炒。

③ 快熟时加入姜丝和食盐搅拌，炒熟后即可服食。

用法用量： 随量食用。

功效： 对于妊娠呕吐疗效明显，同时还具有健脾和胃的作用。

养生小语： 山药鲜品多用于虚劳咳嗽及消渴病，炒熟食用治脾胃、肾气亏虚。

烹饪指导： 山药切片后需立即浸泡在盐水中，以防止氧化发黑。

砂仁米粥

材料： 粳米 100 克，砂仁 5 克，白糖适量。

做法：

① 粳米淘洗干净，砂仁研成碎末。

② 粳米加水 500 毫升煮沸，等到米粥变稠时放入砂仁末。

③ 用文火煮到粥稠，放入适量白糖搅匀即可食用。

用法用量： 每日早晚食用。

功效： 具有暖脾胃、助消化的功效，能有效治疗妊娠呕吐。

养生小语： 砂仁入煎剂宜后下。

苏叶炖鲤鱼

材料： 鲤鱼 2 条（中等大小），苏叶 15 克，生姜片适量，砂仁 6 克。

做法：

① 鲤鱼去鳞、去内脏，洗净后，入油锅加姜片爆炒至微黄。

② 加适量清水旺火煮沸后，文火慢炖半小时。

③ 将砂仁和苏叶放进锅中再煲 20 分钟，调味后即可食用。

用法用量： 随量饮汤食肉。

功效： 具有健脾行气的功效，适合妊娠呕吐的女性食用。

养生小语： 鱼不能现杀现吃，因为现杀的鱼蛋白没有完全分解，味道不够鲜美，营养成分也不充分。将剖腹洗净的鱼放置几小时，有利于毒素的挥发，可降低有毒物质对身体的危害。

糖醋蛋

材料： 米醋 60 克，白糖 30 克，鸡蛋 1 个。

做法： 将米醋煮沸，加入白糖，汤中淋入鸡蛋液，鸡蛋半熟时即可起锅。

用法用量： 每天吃两次。

功效： 健胃消食，滋阴补虚。适用于妊娠呕吐女性食用。

养生小语：米醋不宜用铜容器盛放，因为铜会与醋酸等发生化学反应，产生醋酸铜等物质，食之对健康不利。

龙肝童子鸡

材料：童子鸡1只（中等大小），伏龙肝和生姜各60克。

做法：生姜洗净后带皮切片，和伏龙肝一起煎汁去渣滓。在汁液中放入童子鸡炖熟即可。

用法用量：喝汤吃肉，随量。

功效：有降腻止呕和补益脾胃的作用，适用于妊娠女性剧吐症状。

养生小语：生姜味辛、性温，有散寒、止呕的功效。生姜还有抑制癌细胞活性的作用。

第六节

妊娠水肿的食疗方法

妊娠水肿可分为轻、中、重三级。较轻症状的水肿，表现在足部和小腿部水肿明显，休息后水肿可以自行消退；如果水肿蔓延到大腿、外阴甚至腹部，则属于中度水肿；重度水肿表现为全身水肿，更甚者可能伴有腹水。

常用消除妊娠水肿的食疗方法如下。

花生枣蒜粥

材料：花生 60 克，红枣 10 枚，大蒜 30 克。

做法：

① 花生去掉红皮，红枣洗净去核，大蒜切片。

② 蒜片入锅煸炒后，放入红枣和花生，加水 1 升，煮至花生熟烂后即可食用。

用法用量：每天服用一剂，两三次服完，一周为一个疗程。

功效：健脾消肿、益气和胃，对于妊娠期间水肿具有显著疗效。

养生小语：大蒜虽然有"天然抗生素"之称，但不要贪吃，过多生吃大蒜，易动火、耗血、影响视力，对胃肠道也有刺激作用。

茯苓炖鲤鱼

材料： 500 克大小的鲤鱼 1 条，茯苓和白术各 30 克，当归、白芍、姜片和党参各 15 克，大腹皮 10 克，葱、蒜、精盐、酱油各适量。

做法：

① 鲤鱼去鳞洗净、去除内脏。

② 将上述草药用纱布包好，和鲤鱼一同放进砂锅，加水适量，文火炖至熟烂。去药渣，加葱、蒜、精盐、酱油调味。

用法用量： 吃鱼肉喝鱼汤。早晚两次服用，一日一剂，连续服用三四剂。

功效： 具有消除重度妊娠水肿的良好功效。

养生小语： 鲤鱼用于消肿利水，需煮汤淡食，且不宜煎炸。

花生鲤鱼

材料： 500 克大小的鲤鱼 1 条，花生 30 克，眉豆 24 克，生姜 6 片，食油、生姜、精盐和味精各适量。

做法：

① 鲤鱼去鳞去内脏，洗净后下油锅，放入生姜爆炒至金黄。

② 放入眉豆和花生，加适量清水，旺火烧开，用小火慢炖两三个小时即可起锅。

③ 根据口味放入精盐、味精等调味。

用法用量： 随量食用。

功效： 对于妊娠后期水肿疗效显著。

养生小语： 花生性味甘平，是一味很好的中药，有调气养血、利水消肿的作用。从养生保健及口味上综合评价，食用时还是以水炖为最好。

黑豆鲤鱼

材料： 鲤鱼1条（中等大小），黑豆适量。

做法： 鲤鱼刮鳞去内脏后洗净，连同黑豆一起煮汤。

用法用量： 随量吃肉喝汤。

功效： 健脾利水，消肿安胎。适用于脾虚兼有湿热的妊娠水肿。

养生小语： 红豆补心脏，黄豆补脾脏，绿豆补肝脏，白豆补肺脏，黑豆补肾脏。

莲子炖排骨

材料： 猪排骨250克，白豆、莲子各50克，红枣10枚，味精、精盐适量。

做法： 猪排骨洗净切块，和上述材料一同放入砂锅中，加水600毫升。旺火煮沸后小火炖酥烂，添加味精、精盐调味即可。

用法用量： 分两次趁热服用。

功效： 对于女性妊娠脾虚，体弱食少有良好的补益作用，适合妊娠水肿者食用，效果明显。

养生小语：莲子有很好的去心火的功效，可以治疗口舌生疮，并有助于睡眠。

红枣茯苓粥

材料：粳米和茯苓粉各30克，红枣7枚。

做法：

① 红枣去核，将粳米煮沸后放入红枣。

② 米粥快熟时放入茯苓粉搅匀，可按照口味加糖调味。

用法用量：用作晨起早餐，不拘时食用也可。

功效：对于因脾虚湿盛而引起的妊娠水肿疗效显著。

养生小语：茯苓淡而能渗，甘而能补，能泻能补，两得其宜之药。

红豆炖牛肉

材料：晒干的红辣椒3个，牛肉250克，红豆200克，大蒜25克，花生仁150克。

做法：将牛肉洗净切块，和上述材料放进砂锅内，加适量水，小火炖至牛肉熟烂即可。

用法用量：吃肉喝汤，空腹温服。分两等份一日吃完。连续服用三至五天。

功效：对于女性重度妊娠水肿疗效显著。

养生小语：被蛇咬者百日内应忌食红豆。

冬瓜鲤鱼头

材料：鲤鱼头1个，冬瓜90克。

做法：

① 鲤鱼头洗净去鳃，冬瓜去皮切块。

② 鲤鱼头和冬瓜一起放置砂锅内，加水适量煮沸，鲤鱼头熟透即可食用。

用法用量：吃鲤鱼头喝鲤鱼汤，每天吃一次，服用五到七天。

功效：对于脾虚型妊娠水肿有功效。

养生小语：冬瓜性寒凉，脾胃虚寒易泄泻者慎用，久病与阳虚肢冷者忌食。

温馨提醒：

妊娠水肿者的日常饮食指导。

（1）妊娠水肿者不宜吃太咸的食品。低盐或无盐食品最为适合，碱制的糕点和发酵粉要少吃或者不吃，多吃利尿食品，比如西瓜、鲤鱼、玉米、冬瓜、扁豆和红豆等。

（2）远离油腻和不易消化的食品，不吃或者少吃生冷食品。

第七节

产后乳汁不足的食疗方法

脾胃虚弱、产时不顺或者失血耗气过多、产时气血津液生化不足等，都可以造成产后无乳或者少乳。我们可从日常生活入手，进行药膳食疗调理。

通草猪蹄

材料：猪蹄1对，通草5克，姜、葱、盐等适量。

做法：猪蹄去毛洗净，放入通草，加水适量，文火炖至熟烂。加姜、葱、盐等适量调味。

用法用量：每天吃肉数次，连续服用数日。

功效：适合气血虚弱型缺乳的产后女性。

养生小语：炖猪蹄作为通乳食疗应少放盐，不放味精。

猪蹄引乳汤

材料：穿山甲30克，猪蹄2只，王不留行15克，北芪20克，姜、葱、盐少许。

做法：穿山甲爆炒。将上述材料放入适量水中煮炖，文火炖至猪蹄熟烂，食前放姜、葱、盐少许调味。

用法用量：随量食肉饮汤。

功效：适合气血虚弱型缺乳的产后女性。

养生小语：穿山甲用于产后乳汁不通，可单味为末，黄酒送服 3 克，每日两次。为增强下乳功效，多与王不留行配合使用。

猪蹄炖羊肉

材料：羊肉 200 克，猪蹄 1 只，食盐适量。

做法：

① 羊肉洗净，开水焯去血污腥膜。

② 猪蹄洗净和羊肉一起煮汤，熟烂时加少量食盐和调味料食用。

用法用量：每天吃两次，连续服用四五天。

功效：适合气血虚弱型缺乳的产后女性。

养生小语：晚餐吃得太晚或临睡前不宜吃猪蹄，以免增加血黏度。

黄芪炖猪肝

材料：猪肝 500 克，黄芪 60 克，盐少许。

做法：

① 猪肝洗净，去除筋络和薄膜切成片。

② 黄芪切片后，用纱布包好与

切好的猪肝片一同入锅，加水煨汤。

③ 肝熟汤成去黄芪，放入盐少许调味。

用法用量：连汤带肉一起服食。

功效：适合气血虚弱型缺乳的产后女性。

养生小语：汤中黄芪味甘，性微温。可以健脾益气，活血通络。猪肝味甘、苦，性温。能够补肝养血。两者搭配使气虚得补，血滞得行，脉络疏通，乳汁无不行之理。

佛手蹄筋

材料：佛手 10 克，猪蹄筋 200 克，丝瓜络 20 克，姜汁、食盐少许。

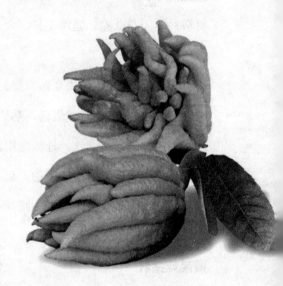

做法：将上述药材清洗干净后，连同猪蹄筋一起炖熟，加姜汁和盐少许调味。

用法用量：饮汤吃肉，每天吃两三次，连续服用三四天。

功效：适合肝郁气滞型缺乳的产后女性。

养生小语：许多人认为丝瓜可以催乳，但却不清楚真正发挥催乳作用的是丝瓜的经络，丝瓜络可以通乳，使乳汁分泌通畅。

鲫鱼通乳汤

材料：鲫鱼 500 克，通草 20 克，猪蹄 1 只，葱段 10 克，姜片 10 克，盐少许。

做法：

① 将猪蹄刮去毛洗净，放沸水锅中焯一下，去掉血水，洗净。通草洗净。

② 将鲫鱼去鳞、鳃、内脏，收拾干净，洗净。

③ 锅置火上，放入适量清水，放进猪蹄。

④ 猪蹄煮至熟软，加入鲫鱼、通草、姜片，鱼肉熟烂后捞出姜，用盐调味后即成。

用法用量： 佐餐随意食用。

功效： 能有效催乳。

养生小语： 鲫鱼适宜孕妇产后乳汁缺少者食用，吃鱼前后忌喝茶。

饮食禁忌： 鲫鱼不宜和大蒜、砂糖、芥菜、沙参、蜂蜜、猪肝、鸡肉一同食用。

黄酒鲫鱼

材料： 500 克大小的鲫鱼 1 条，黄酒适量。

做法： 将鲫鱼去鳞、去内脏洗净，加水适量，煮至半熟，加入适量黄酒清炖。

用法用量： 每天吃一次，吃鱼喝汤。

功效： 能有效催乳。

养生小语： 感冒发烧期间不宜多吃鲫鱼。

烹饪指导： 鲫鱼下锅前，最好去掉其咽喉齿（位于鳃后咽喉部的牙齿），有利于除去泥腥味。

金针肉粥

材料：金针 50 克，瘦肉 100 克，白米 100 克，葱、姜、食盐适量。

做法：

① 金针清洗干净，瘦肉清洗干净切片。

② 白米淘洗干净，和金针、猪肉一起煮粥。

③ 肉快要煮熟时，加入葱、姜、盐适量调味即可。

用法用量：每天温热吃一次。

功效：具有生津止渴、通乳利尿的作用，适合有产后乳汁不足症的产妇。

养生小语：新鲜金针中含有秋水仙碱，可造成胃肠道中毒症状，故不能生食，须加工晒干。吃之前先用开水焯一下，再用冷水浸泡两小时以上，烹饪时火力要大，彻底加热，每次食量不宜过多。

黄酒拌虾

材料：新鲜大虾 100 克，黄酒适量。

做法：大虾洗净后剪去足须，煮汤，加入黄酒适量，或者将大虾炒熟后用黄酒搅拌。

用法用量：吃虾喝汤，每日吃两次。

功效：滋补产后身体，令身体强壮，催生乳汁。

养生小语：虾的通乳作用较强，并且富含磷、钙，对小孩、孕妇尤有补益功效。

烹饪指导：肉质疏松、颜色泛红、闻之有腥味的，是不够新鲜的虾，不宜食用。一般来说，头部与身体连接紧密的就比较新鲜。

第四章

滋阴补阳的中医食疗菜单

第一节

补肾菜单及功效

1. 补肾要分清阴阳

面对市场上名目繁多的补肾保健品，一些消费者选择起来总感到无所适从，往往盲目选择，不但达不到补养肾脏的目的，反而适得其反。不但白白花费了冤枉钱，而且还会导致症状的加重。

一般而言，肾虚分为阴虚和阳虚。阳虚症状的患者属于内寒，需要服用热补的药物和食品才是对症之法，否则会适得其反。同样，阴虚患者属于内热，需要进补一些清热类的药物和食品。

怎样判断自己属于阳虚还是阴虚呢？比较简单的区分方法是：阴虚者经常有口腔和咽喉干燥的感觉，手心、脚心发烧，夜间睡觉的时候出汗（俗称盗汗）。阳虚者经常感觉腰膝酸软，容易疲劳乏力，手脚发冷，怕冷畏寒，腰间和膝盖有寒凉感觉，并且伴有阳痿早泄的现象。

分清了自己属于哪种肾虚的症状，就很容易对症下药了。阴虚患者多需要进补一些甘寒清热类的药品和食物，比如西洋参、女贞子、石斛、玉竹、桑寄生、山茱萸、枸杞等。阳虚患者需要进补一些热性药，如巴戟天、肉苁蓉、淫羊藿、鹿茸、肉桂、附子等。补阴中成药的代表是六味地黄丸，补阳中成药的代表是金匮肾气丸。

2. 常用的补肾菜单

猪肾粥

材料：猪肾 2 个，粳米 50 克，葱、姜、精盐等适量。

做法：

① 猪肾清洗干净，去掉筋络和外膜后切丁。

② 粳米淘洗干净，和猪肾丁一起煮成粥。

③ 将熟的时候加入葱、姜、精盐等调味。

用法用量：可以作为早餐食用。

功效：具有补肾强腰的功效，十分适合老年人因为肾气不足引起的腰膝软弱疼痛、步履艰难、耳聋等症。

养生小语：猪肾中胆固醇含量较高，血脂偏高者、高胆固醇者忌食。

金樱子膏

材料：金樱子 100 克，蜂蜜 200 克。

做法：

① 金樱子清洗干净，煮熟捞出来继续换汤再煮，如此反复四次。

② 将四次汤倒在一起继续熬煮，等到汤汁由稀变浓的时候，加入蜂蜜搅匀。

③ 冷却后去除上面的浮沫即可食用。

用法用量： 随量食用。

功效： 此法具有补肾益精的功效，对于肾亏引起的小便不禁、梦遗滑精和遗淋白浊以及女子带下都有很好的补养效果，同时还可医治头部眩晕、失眠盗汗等症状。

养生小语： 金樱子味酸涩、性平，可以固精缩尿、涩肠止泻。有实火、邪热者忌服。

荸荠老鸭

材料： 老鸭 1 只，荸荠 100 克，核桃仁 200 克，鸡肉泥 100 克。油菜末适量，葱、姜、料酒、精盐、味精适量。

做法：

① 老鸭去毛、去内脏洗净，开水焯去血污，再洗净放在大碗内。

② 加上葱、姜、精盐、料酒等适量调味，隔水蒸熟后取出晾凉。

③ 将鸡肉泥和鸡蛋清适量，加湿玉米粉、精盐、料酒和味精搅拌成糊状。

④ 放入切碎的核桃仁和荸荠，淋在鸭子内膛肉上。

⑤ 在油锅内将鸭肉炸酥后切块，撒上油菜末即可食用。

用法用量： 可作为佐餐食用。

功效：对于补肾固精、温肺定喘和润肠通便都有很好疗效，适用于肾虚腰痛、阳痿遗精、大便干燥结块以及咳嗽等症状。

养生小语：鸭肉、鸭血、鸭内金全都可药用。

饮食禁忌：鸭肉忌与兔肉、杨梅、核桃、鳖、木耳、胡桃、大蒜、荞麦同食。

栗米猪肾

材料：生栗子 500 克，猪肾 2 个，粳米 500 克，陈皮 12 克，花椒 20 粒，食盐 4 克。

做法：

① 在通风阴凉处将鲜板栗阴干待用。

② 猪腰子清洗干净后去除筋络和外膜，切成两片，去掉腰腺后切块。

③ 陈皮清洗干净后待用。

④ 将淘洗干净的粳米连同陈皮、花椒和猪腰子下锅，加入适量清水。

⑤ 用慢火炖成稀粥，去掉陈皮加上精盐即可食用。

用法用量：每次进食的时候先吃十个生栗子，细嚼慢咽，吃完栗子后再吃一碗猪腰子粥。

功效：对于腿脚酸软、小便频繁和腰痛等症状有很好疗效。

养生小语：栗子"生极难化，熟易滞气"，脾胃虚弱、消化不良者不宜多食。

黑芝麻鸡

材料：重约 1 千克的鸡 1 只，黑芝麻 100 克，桂圆肉 80 克，姜汁、精盐少许。

做法：

① 将鸡清洗干净，用沸水焯去血污，再用姜汁搽匀鸡肚。

② 将桂圆肉和黑芝麻淘洗干净塞入鸡肚内。

③ 把鸡放入大碗中，加入适量绍兴酒和水淹没鸡肉，隔水炖煮。

④ 文火慢炖三小时后放入少许精盐调味即可。

用法用量：适量食用。

功效：具有滋阴补肾的功效，对于肾虚导致的白发、失眠和腰腿酸软、食欲不佳等都有疗效。

养生小语：黑芝麻具有补肝肾、润五脏、益气力、长肌肉、填脑髓的作用，一般素食者应多吃黑芝麻，而脑力工作者更应多吃黑芝麻。

冬虫草鸡

材料：土鸡1只（中等大小），火腿20克，冬虫草12条，姜片、精盐和绍兴酒各少许。

做法：

① 冬虫草用清水浸泡待用。

② 土鸡洗净后用开水焯去血污，再用清水洗净，切成块状。

③ 在清水中炖半个小时后捞起，将鸡汤换

成酒，再炖两个小时。

④ 将鸡肉和鸡汤一起放进炖盅内，加入泡好的冬虫草。

⑤ 盖上盖子隔水慢炖两个小时即可食用。

用法用量：适量食用。

功效：此法可以壮阳，对于肾气不足导致的腰腿酸软、阳痿不举或举而不坚等症状都有疗效。

养生小语：冬虫草属于补阳药，内热阴虚者不可吃。

鸡仔汤

材料：450克左右的小公鸡1只，鲜虾150克，红枣2枚，海马40克，生姜2片，精盐少许。

做法：

① 公鸡去毛、去内脏，并用开水焯去血污，再用清水洗干净。

② 鲜虾清洗干净后，挑去肠泥，剪去虾须。

③ 海马和生姜洗净，刮去姜皮切片。红枣洗净去核。

④ 以上材料放入砂锅，加适量清水，小火炖四小时左右，加入食盐调味即可食用。

用法用量：随量食用。

功效：能补肾壮阳、益精填髓，对于阳痿早泄、肾阳虚衰和尿频有很好疗效。

养生小语：海马是一种经济价值较高的名贵中药，具有强身健体、补肾壮阳等药用功能，特别是对于治疗神经系统的疾病更为有效。

白鸽汤

材料：白鸽半只（如果白鸽半只服用后偏燥，可改用白鸽1只，做法相同，材料相同），山药、巴戟天、枸杞各10克。

做法：上述药材和白鸽肉炖汤。

用法用量：随量喝汤吃肉。

功效：补益肾虚。

养生小语：《本草纲目》中记载："鸽羽色众多，唯白色入药。"从古至今中医学认为鸽肉有补肝壮肾、益气补血、清热解毒、生津止渴等功效。

鸽蛋汤

材料：龙眼肉5克，枸杞10克，白鸽蛋2个，精盐适量。

做法：上述材料一起煲汤，根据口味加冰糖或者精盐调味。

用法用量：随量喝汤吃鸽蛋。

功效：具有很好的壮阳作用。

养生小语：鸽蛋甘、平，清热，解毒，补肾益身。食积胃热者、性欲旺盛者及孕妇不宜食用。

樱根鸡

材料：小母鸡1只（中等大小），金樱根100克，米酒适量，食盐少许。

做法：

① 母鸡去毛、去内脏后洗净，用开水焯去血污，再用清水洗净。

② 将金樱根清洗干净切碎，放入母鸡腔内。

③ 将整只鸡放入大碗或者盆内，加适量米酒和少许水。

④ 隔水文火慢炖三小时左右，食盐调味后即可食用。

注意事项：金樱根也可用金樱子代替。

用法用量：适量食用。

功效：对遗精、滑精和小孩遗尿都有很好疗效。

养生小语：金樱根是金樱子的根，能固精涩肠，与母鸡同用还有益精血的补益作用，是中老年人的有益食疗方。

核桃鸡丁

材料：嫩鸡肉400克，核桃仁6个，龙眼肉20克，鸡蛋2个，香菜100克，盐、白糖、豆粉、香油、食油、酱油、葱、姜、胡椒粉各适量。

做法：

① 核桃仁在油锅中炸熟，切成细小颗粒。

② 龙眼肉清洗干净后也切成细小颗粒。

③ 鸡肉洗净后用开水焯去血污，去除鸡皮切成半厘米见方的肉丁。

④ 用盐、白糖、胡椒粉拌腌鸡丁。

⑤ 豆粉和鸡蛋汁加水调匀成汁。

⑥ 葱、姜切成碎末，在油锅中炒一下，倒入鸡丁翻炒，加入适量

酱油。

⑦ 鸡丁要炒熟时，放入核桃和龙眼肉，倒进豆粉鸡蛋汁，香菜末、香油拌匀即成。

用法用量：两次吃完。

功效：经常食用能有效补肾益气、健脾生血和安心养神。

养生小语：有人喜欢将核桃仁表面的褐色薄皮剥掉，这样做会损失一部分营养，所以不要剥掉这层皮。

凤爪章鱼

材料：红枣5枚，鸡爪12只，章鱼80克，生姜、食盐各少许。

做法：

① 红枣去核待用。

② 鸡爪和章鱼放入砂锅内水煮，煮沸后放入生姜。

③ 用中火炖20分钟后，再放入红枣，改用小火慢煮三个小时。

④ 放入食盐调味即可食用。

用法用量：随量食用。

功效：具有补肾壮腰的功效，对于肾虚引起的双膝无力和精亏都有很好的治疗效果。

养生小语：章鱼性平、味甘咸，肉嫩无骨刺，凉性大，所以吃时要加姜。

温馨提醒：

肾虚患者的饮食禁忌。

根据肾虚者忌食原则，应当忌吃或少吃荸荠、柿子、生萝卜、生丝瓜、生黄瓜、生地瓜、西瓜、甜瓜、洋葱、辣椒、芥菜、丁香、茴香、胡椒、薄荷、莼菜、菊花、盐、酱、白酒及香烟等。

第二节

壮阳滋补的食物

除了以上的食疗调养方式之外，还有很多食物都是壮阳滋补的首选。

韭菜：韭菜是一种很好的壮阳滋补食品。韭菜营养丰富，味道鲜美。根据古代著名的中医典籍《本草纲目》记载，韭菜对于肝脏和命门（编者：中医认为命门是人体活动的动力，是阳气之根本）都有很好的补益作用，能有效治疗遗尿、尿频（中医称尿频为小便频数）等。由于韭菜补益肝肾、壮阳固精的突出作用，所以有"起阳草"之名。

泥鳅：泥鳅富含维生素 A、维生素 B_1、优质蛋白和脂肪，以及铁、磷、钙和烟酸等营养物质，是一种很好的滋补壮阳食品。泥鳅体内含有一种特殊的蛋白质，对于精子的形成有很好的促进作用。

虾类：经常吃虾可以强身健体、壮阳补精，药用和滋补作用都很高。

羊肉：大家都知道羊肉是冬补的好食品。同时，羊肉也是一种壮阳滋补的佳品。中医认为羊肉能治疗阳痿胃虚，具有排寒暖体的功效。

鸡蛋：作为一种高蛋白食物，鸡蛋是滋补壮阳的佳品。鸡蛋中的蛋白质组成和人体中的蛋白质组成相似，所以很容易被人体吸收。多吃鸡蛋能有效壮阳补肾、增强性能力。在中国民间有新婚前多吃鸡蛋的习俗，以便增加性生活的美满度，这充分说明了鸡蛋的壮阳滋补价值。

海藻类： 人体碘缺乏有可能导致女性流产，男性性功能下降，性欲减退。所以，多吃含碘食品能有效增强性能力。而海藻类食品，比如海带、紫菜和裙带菜，则是动植物中含碘最丰富的食品。

鱼类： 鱼类作为壮阳滋补的理想食品，发源于古罗马时期。当时人们在实践中发现，鲨鱼肉具有性爱"催化剂"的作用。随着科学技术的发展，人们研究发现鱼类体内含有丰富的磷、锌等元素，是男女性功能的最佳保健食品。

大葱： 巴尔干半岛某些民族的青年男女在结婚时，长辈或者亲朋好友会在结婚仪式上放上葱，寓意新婚夫妇性爱和谐，健康快乐。可见，葱作为一种滋补壮阳的食品，还是很受人们欢迎的。现代研究显示，葱含有丰富的营养物质，它含有的维生素和植物激素有良好的滋阴补阳作用。

蜂蜜： 蜂蜜是年高体衰性功能减退者的理想食品。蜂蜜中含有的营养物质，能有效刺激性腺活跃，具有很强的滋补壮阳作用。

淡菜： 淡菜富含大量营养物质，比如碘、维生素B、磷、钙、铁、锌以及丰富的蛋白质，是一种壮阳滋补的佳品。淡菜具有益气补肾、坚固精关和补虚的作用，对于男子性功能障碍、消渴、

阳痿遗精等症都有疗效。

牡蛎：牡蛎也是一种滋补壮阳的佳品。牡蛎属于微弱寒性食品，具有滋阴潜阳、补肾涩精的功效。常吃牡蛎对男子性能力和精子质量的提高有很好的补益作用。牡蛎适用于男子遗精、肾虚阳痿和虚劳乏损等症。

鹌鹑：俗语说得好，"要吃飞禽，还数鹌鹑"，足见鹌鹑肉的鲜美程度。作为一类菜肴佳品，鹌鹑肉营养丰富。鹌鹑肉和鹌鹑蛋是很好的滋补壮阳佳品，经常食用可以增加性能力，强壮筋骨，增强体力。

鸽肉：白鸽雌雄交配比较频繁，性欲极强，所以繁殖能力强。白鸽之所以具有如此强的性能力，是由于白鸽体内分泌大量的性激素。所以，白鸽是一种强身壮阳的佳品。白鸽蛋的补益作用更是大于白鸽肉，具有很强的营养价值。

荔枝：作为水果中的佳品，荔枝的营养价值非常高。它对于人的消化功能和性功能，都有很好的改善作用。荔枝适用于阳痿早泄、遗精阴冷以及肾阳虚而致的腰膝酸痛、失眠健忘等症。同时，荔枝也是治疗贫血的食疗佳品。但是荔枝属于温热食品，不宜多吃。肝火旺盛者，则不宜吃荔枝。

麻雀蛋：麻雀肉和麻雀蛋营养丰富，是壮阳滋补的佳品。麻雀肉适用于阳虚、阳痿、肾虚引起的腰痛、尿频、早泄以及带下等症。麻雀肉属于大热食品，适合冬季食用。春夏季节以及患有炎症热症的患者不宜食用。阴虚者不宜食麻雀蛋。

羊肾：羊肾是阳痿肾虚者的滋补佳品，富含大量的蛋白质、维生素以及多种微量元素。

枸杞：枸杞是男女性功能的滋补佳品。它能有效地治疗肝肾阴虚、阳痿遗精、腰膝酸软以及头晕目眩、头发枯黄等症。性亢奋者不宜服用枸杞，因为枸杞里面含有刺激神经的物质。

松子：作为一种壮阳食品，松子可以有效治疗遗精盗汗、多梦体衰、勃起无力和身体虚弱等症。

第三节

滋阴补肾的食物

有人或许要问，壮阳补肾和滋阴补肾有什么区别吗？壮阳滋补食品，适合阳虚体质者进补，一般属于温热食品；滋阴补肾的食品，适合阴虚体质者食用，一般属于清热食品。

下面介绍几种具有滋阴补肾作用的食品。

鸭肉：作为一道滋补佳品，鸭肉品性平和，味道甘甜，具有滋阴养胃、清热五脏的良好效果，适合肾脏阴虚者食用。

猪肉：猪肉品性平和，味道甘咸，有滋阴和润燥的作用。猪肉能有效滋补肾液，补充胃汁，滋润肝脏阴气，美容皮肤和治疗消渴，具有润肠胃和生精液的作用，十分适合阴虚体质者食用。

牛奶：品性平和的牛奶，是滋阴补肾的理想饮品，十分适合阴虚者饮用。牛奶具有滋阴养液、生津润燥的功效，同时也是滋润皮肤和大肠的美容食品。

甲鱼：食用价值极高的甲鱼，品性平和，味道甘美，是清热滋阴凉血的佳品，阴虚之人最宜食用。中医学专著称甲鱼"滋肝肾之阴，清虚劳之热"，有抑制阴虚火旺和滋阴补血的作用。甲鱼壳也是滋阴补肾的

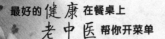

佳品，阴虚之人食之亦宜。

干贝： 干贝是一种海鲜食品，品性平和，味道甘中带咸，具有滋阴补肾的良好效用。中医学专著《本草求真》中称它能"滋真阴"。干贝肉质细嫩，味道鲜美，富含丰富的蛋白质，对于消渴症状也有疗效，适合阴虚者进补。干贝炖汤效果更好。

海参： 海参有滋阴、补血、益精、润燥的作用。《药性考》说它"降火滋肾"。《食物宜忌》亦载："海参补肾精，益精髓"。清朝食医王孟英认为

海参能"滋阴，补血，润燥"。海参是一种高蛋白、低脂肪的海味珍品，既能补益，又能滋阴，阴虚体质者宜常食之。

蛤蜊： 作为一类寒性食品，蛤蜊味咸。具有滋补阴虚、抑制消渴、清热化痰、补益五脏和开胃明目的功效。蛤蜊是阴虚体质者的滋补佳品，同时也是糖尿病、结核病、肿瘤病以及干燥综合征等阴虚患者的进补佳品。

蚌肉： 作为一种清热滋阴和明目的进补佳品，蚌肉富含丰富的维生素和蛋白质，具有清热滋阴、养肝凉血的良好效用，十分适合阴虚之人食用。蚌肉煨汤食用效果更好。

乌贼： 乌贼品性平和，味咸，是滋阴补血的佳品。中医学专著《医林纂要》称乌贼"大能养血滋阴"。清朝医家黄宫绣也认为乌贼肉属

于阴性食品，有"入肝补血，入肾滋水"的功效，十分适合肝肾阴虚者食用。

鳗鱼：鳗鱼也是一种滋阴补肾的佳品，具有清热滋阴、明目益精的作用。中医学专著《医林纂要》称鳗鱼具有"补心暖肝，滋阴明目"的良好效用。作为一种高蛋白食品，鳗鱼能有效食疗肝肾阴虚引起的夜盲症。十分适合阴虚体质者食用。

梨子：常吃梨能清热生津滋润干燥，十分适合阴虚体质者食用。中医学专著《本草通玄》中称梨"熟者滋五脏之阴"，是滋阴补肾的佳品。

桑葚：桑葚属于寒性食品，其味道甘甜，能有效滋阴补血，对于肝肾之阴大有补益。中医学专著《本草经疏》称桑葚为"凉血补血益阴"之药，还认为"消渴由于内热，津液不足，生津故止渴，五脏皆属阴，益阴故利五脏"。桑葚对于阳虚体质者的消渴、耳鸣和目暗很有疗效。

燕窝：作为一类清补佳品，燕窝品性平和，味道甘甜，对于补气养阴很有效果。肺阴虚者最宜食用。中医学专著《本草再新》认为燕窝具有"大补元气，润肺滋阴"的作用，十分适合阴虚体质者，尤其适合肺阴虚者食用。

银耳：作为一种滋阴养胃、生津润燥的理想食品，银耳品性平和，味道甘淡，是最为常用的清补食品之一。

西洋参：西洋参是阴虚者的进补佳品，它味道苦中带甜，属于寒凉食品，具有益气养阴、补阴退烧的良好效用，是阴虚、气虚和肺虚者的进补佳品。人们如无法适应人参的温热，可以用西洋参来替代。

芡实：芡实富含矿物质和维生素，是补肾固精、补脾除湿的进补佳品，与枸杞同煮粥食用，效果更好。

阿胶：阿胶品性平和，味道甘甜，具有滋阴补血的功效，是肺肾阴虚者的进补佳品。

第五章

肠胃疾病的中医食疗菜单

第一节

肠胃保养的基本要领

　　中医认为"脾胃是后天之本"。脾胃位于人体三焦的中部，负担人体食物消化吸收和运输的重要职责，人体进食的各种饮料食品，都必须经过脾胃的消化和吸收，才能转化为人体有益的营养，维持人体的各种生理活动。人出生后，人体的生理活动和生命运动以及精神气血津液的充实和化生，全部依赖脾脏功能。脾脏功能的优劣，决定了人体对营养物质的吸收水平。

　　因此，脾胃在人体中的重要性不言而喻。正是因为一日三餐的水谷饮食都要经过脾胃消化和吸收，所以，不当的饮食习惯和生活习惯，都会影响脾胃健康。肠胃病是由于长期不良生活习惯造成的，因此，预防和治疗肠胃疾病，要从日常生活中的饮食习惯入手。

　　饮食要有规律，吃饭八分饱，做到不偏食、不嗜食。饮食不定量，暴饮暴食很容易引发肠胃疾病。因此，要在饮食上多进行自我控制，合口味的饭菜，也不要猛吃多吃，不合口味的饭菜，也不要饿着肚子少吃，养成进食平衡和有规律，对于肠胃有很大的补益。否则，饿一顿饱一顿的不良生活习惯，很容易造成肠胃蠕动功能的紊乱，引发胃壁内神经丛功能的亢进，造成胃液分泌异常，时间过久便会引发胃炎或者胃溃疡。

患有胃病的人，要多吃清淡食品，少吃辛辣油腻食品，做到定时进餐，坚持少量多餐的原则，每天可定时进食五六次。少量，可以避免胃不扩张过度，减轻胃部负担；多餐，可使胃中经常存有食物，这样就能中和胃内过多的胃酸。胃病严重的患者，要多吃易于消化和营养丰富的食物，比如松散的糕点，柔软的米粥、面条等。蜂蜜是肠胃患者的进补佳品，它里面的营养物质，能抑制胃酸分泌，促进溃疡愈合。

细嚼慢咽，远离刺激性食品。细嚼慢咽可以使食物在口腔内充分软化，并且和唾液混合，减轻胃部的消化负担，更有利于食物的消化和人体对食物营养的吸收。刺激性食品和烟酒对胃的危害很大。胃部不适或者胃部虚弱的人，要远离辛辣性食物，不要抽烟喝酒。富含淀粉的莲子和玉米等食品，对于肠胃消化有补益作用，还能健脾益气，可以多吃；经常出现胃胀气满的人，可以多吃萝卜，因为萝卜具有下气宽中、消积滞、化痰解毒的良好功效。

保持心情愉快。精神因素和胃部健康有着很大的关系，精神过度紧张和恐惧、忧郁、悲伤，都会引发大脑皮层的功能异常，致使迷走神经功能紊乱，胃壁血管会痉挛性收缩，进而引发胃溃疡、胃炎等各种胃部疾病。所以，平时保持愉快轻松的情绪有助于肠胃健康。

养成早起喝一杯水的习惯。多喝白开水（要盖好杯盖，保持水里面的生物活性），白开水最好是当天烧开的，以自然冷却为宜。每天早晨起床，空腹一大杯白开水，是养胃健身的好习惯，可以刺激肠道，洗涤内脏，促进实时排便。

　　饭后多按摩。吃饭后用手掌按摩腹部，可以促进腹部血液循环，增加肠胃的消化功能。

　　及时排便。如果情况允许，有便意的时候要及时排便，不拖延。这样可使肠中常清。早餐多吃新鲜蔬果，对肠胃很有补益。

第二节

消化不良的药膳调理

消化不良是一种由胃动力障碍所引起的疾病，也包括胃蠕动不好的胃轻瘫和食道逆流病。具体症状为恶心呕吐、打嗝泛酸、腹痛腹胀、胸闷气憋，进食后胃部有灼热感。病人常因胸闷、早饱感、腹胀等不适而不愿进食或尽量少进食，夜里也不易安睡，睡后常伴有噩梦。

饮食不当，精神压抑，慢性胃病，胃和十二指肠部位的慢性炎症等，都会导致消化不良，但具体原因要去医院检查，弄清发病病因后再对症治疗。

1. 常见的药膳食疗方法

桂皮山楂饮

材料：红糖 30 克，桂皮 6 克，山楂肉 10 克。

做法：

① 山楂肉用开水煎煮 15 分钟后放入桂皮。

② 煮到山楂肉快要熟的时候起锅熄火，滤渣取汁，放入红糖搅拌均匀即可饮用。

用法用量： 趁热随量服用。

功效： 温胃散寒，消食导滞。适用于因寒气与食积，阻滞于胃而引胃脘闷痛，饮食不下，面黄无华，喜热食而恶寒凉者。

养生小语： 桂皮辛甘温，功能温中暖胃；山楂消食导滞，加糖益中而缓急痛。故此饮对老年及幼儿消化力弱、偏寒者颇为相宜。

火炭猪血汤

材料： 猪血 200 克，鲜火炭母 60 克，香油、食盐和味精各适量。

做法：

① 猪血洗净，用开水烫过后切成小块，鲜火炭母洗净。

② 将两者一同放入锅内，加适量清水，置文火上煮汤。

③ 猪血块内部变色后即成，可添加食盐、味精和香油，调味后食用。

用法用量： 吃血块喝汤随量。

功效： 具有清热解毒、消胀满、利大肠的功效，有助于肠胃消化。

养生小语： 此方适用于老年人夏季闷热、肠炎、消化不良、饮食积滞等症，有清热解毒、消胀满、利大肠的功效。但老年肠炎腹泻者，只适合饮汤不宜食用猪血。

参花甘草炖鱼头

材料： 鱼头1个（中等大小），半夏和生姜各10克，人参、旋覆花和代赭石各15克，甘草5克，红枣3枚，味精和胡椒粉各3克，料酒10克。

做法：

① 将前七味药材洗净用干净纱布包好扎口，放入锅内旺火烧开。

② 再用慢火煎煮20分钟，滤渣留汁待用。

③ 鱼头洗净去腮，切成大块入锅，加上药液、料酒和胡椒粉。

④ 旺火烧开后再用小火炖20分钟，加入味精调味即可食用。

用法用量： 每天吃一次，每次吃鱼头50克，喝汤随量。

功效： 具有健脾胃、补元气和益气血的功效。能有效治疗胃酸过多。

养生小语： 生代赭石为原药去杂质及泥土，砸碎碾细入药者，偏于平肝潜阳，降逆止呕。《本草经疏》记载："下部虚寒者，不宜用；阳虚阴萎者忌之。"

山楂槟榔膏

材料： 山楂400克，槟榔50克，白糖300克。

做法： 将山楂和槟榔炒焦研末，和白糖一起用水煎成糖膏状。

用法用量： 每次饭后用汤匙取一两匙，开水冲服。

功效： 此法可有效帮助消化，连饮十天后一般可使饭量大增，便可停止服用。

养生小语：山楂可顺气止痛、化食消积，适用于气裹食造成的胸腹胀满疼痛；槟榔果可炒熟吃，能顺气和胃、止痛消积。

萝卜酸梅汤

材料：新鲜萝卜 250 克，酸梅 2 个，食盐适量。

做法：

① 萝卜洗净切成薄片，和酸梅一同放入铝锅内，加三碗清水，小火煎煮。

② 煎到锅内汤汁只剩下一碗时，加入少许食盐调味，去渣饮汁。

用法用量：随量饮用。

功效：适用于饮食积滞、进食过饱引起的胸闷、烧心、腹胀、烦躁、气逆等症状，有助于增加肠胃的消化功能。

养生小语：萝卜味辛甘，性寒，所以脾胃虚寒，进食不化，或体质虚弱者宜少食。萝卜破气，服人参、生熟地、何首乌等补药后不要食用，否则会影响药效。

2. 宝宝消化不良巧治疗

胡萝卜红糖汁

材料：胡萝卜 1 根（中等大小），红糖 30 ～ 50 克。

做法：将胡萝卜洗净剁碎煎汁，滤渣取汁，加入清水 1 升，放入红糖，旺火烧开后即可饮用。

用法用量：随量食用。

功效：此药膳富含碱性物质和果胶，能有效促进大便的形成，能将细菌和毒素吸附，连同大便一起排出体外，所以十分适合有消化不良症状的小孩服用。

养生小语：胡萝卜味甘、性平，脾胃虚寒者不可生食。

苹果泥

材料：苹果1个。

做法：苹果洗净去皮、去核，捣成泥。

用法用量：用汤匙喂食小孩。

功效：苹果纤维很细，对肠道的刺激很小。并且苹果富含碱性物质和果胶，可以有效吸附肠道内的毒素和有害病菌，有助于小孩消化。

养生小语：苹果富含纤维质，有助于调理肠胃。小孩腹泻吃它也有好处，因为苹果酸具收敛作用。但需注意，如属脾胃虚寒型的慢性腹泻，则需将苹果用锡箔纸包裹，先焗熟或煨熟再吃。

面粉牛奶汤

材料：面粉（或者米粉）、牛奶（或者羊奶）和红糖各适量。

做法：面粉和牛奶按照1∶10或者1∶20的比例，加水适量搅匀后煮沸，加少许红糖即可。

用法用量：随量食用。

功效：有助于小孩消化。

养生小语：牛奶味甘、性平，补气血、益肺胃、生津润肠。缺铁性贫血、乳糖酸缺乏症、胆囊炎、胰腺炎患者不宜饮用。脾胃虚寒作泻、痰湿积饮者慎服。

奶橘汁

材料：牛奶、羊奶或者酸奶1升，橘汁6毫升或者乳酸5毫升。

做法：

① 将牛奶、羊奶或者酸奶，用旺火烧开，晾凉后撇去上面的脂肪。

② 放入橘汁或者乳酸，一边搅动一边滴。

用法用量：微热随量食用。

功效：适合用作短期治疗小孩的消化不良。

养生小语：奶橘汁的营养成分不能满足小孩健康需要，所以不可以长期食用。

温馨提醒：

消化不良患者的日常饮食护理。

（1）胃酸过多和胃酸缺乏都会引起消化不良。判定胃酸的多少，可以通过一些专业测试，确定胃酸的多寡后再进行对症医治。

（2）养成定时定量和细嚼慢咽的饮食习惯，不要过饥或者过饱。少吃辛辣刺激性、油腻油炸、过冷过热和坚硬难消化的食品。

（3）减少乳制品的食用量和盐分的摄取，少吃黄豆、扁豆和花生。

（4）养成细嚼慢咽的饮食习惯，咀嚼食物时张嘴过大以及一边吃饭一边说话，都会引发胃胀气，从而导致消化不良。

（5）注意胃部保暖，多做运动，既能强身健体，又能强健肠胃，增强肠胃的消化功能。

（6）每餐前佐食一汤匙纯的苹果醋加一杯水有助消化。早晨起床先喝一杯柠檬水，有治疗及清血的作用。晨起空腹或者饭前一小时饮用一杯冷白开水，有助于刺激肠道蠕动，促进消化。

（7）多喝米汤有助于消化，对于胃胀气、胃灼热等病症都有缓解作用。

（8）如果消化不良症状严重，可以暂停进食，期间饮用淡盐开水或者糖盐水，以增加身体养分。

烹饪常识：

（1）容易引起胃部消化不良的食品有甘蓝菜、豆类制品、洋葱、白萝卜、绿花椰菜、白花椰菜、香蕉和全麦面粉等。容易产生胀气、胃胀患者也不宜食用。高纤维食品有益于身体健康，但是消化不良和胃胀气患者不宜食用。

（2）对于消化不利的食品还有面包、蛋糕、通心粉、咖啡因、冬瓜、豆干、鸽肉、柳橙类水果、番茄、番薯、青椒、碳酸饮料、土豆片、垃圾食物、油炸食物、辛辣食物、红肉、豆类、蟹、牡蛎、蚕蛹、蚌。另外，不要长期食用糯米。

第三节

急、慢性肠炎的药膳调理

1. 急性肠炎的药膳食疗方法

由于饮食不当导致肠道急性发炎的症状称为急性肠炎。急性肠炎患者常常腹泻，粪便稀薄，排便次数增加，同时伴有腹痛，情况严重者还可能有低烧和呕吐。此病常发于夏秋季节。

下面介绍治疗急性肠炎的食疗方法。

松针汁

材料：新鲜松针 400 克。

做法：新鲜松针捣烂，加两碗水煎汁，煎至汤液变成一碗。

用法用量：分两次服用，一小时服用一次。

功效：用于急性肠炎引起的上吐下泻、大便稀溏和腹部鸣叫等。

养生小语：松针味苦、涩，性温。血虚风燥致病者禁用。

韭菜根汁

材料：连根韭菜适量。

做法：连根韭菜绞汁，滤渣。

用法用量：取韭菜汁100毫升，用温开水冲服。每天服用两三次，连续服用三五天。

功效：有效治疗急性肠炎。

养生小语：韭菜根宜采用新鲜的，身有疮疡以及患有眼疾者忌用。

蒜米粥

材料：去皮蒜30克，粳米100克。

做法：用1升清水将粳米和大蒜一起煮粥。

用法用量：早晚两次温热服用。

功效：对于急性肠炎引起的腹泻很有疗效。

养生小语：食用生蒜不宜过多，阴虚火旺（如脸红、午后低热、口干便秘、烦热等）、胃溃疡、慢性胃炎者要忌食，且不可与蜂蜜同食。

马齿苋粥

材料：干马齿苋30克（或新鲜马齿苋90克），粳米100克。

做法：上述材料一起煮粥。

用法用量：早晚各服用两次。

功效：有效治疗急性肠炎引

起的腹泻。

养生小语：马齿苋性寒、味甘酸，适宜肠胃道感染之人食用。

莲药粥

材料：粳米 100 克，莲子 20

克，山药 30 克。

做法：上述材料一同煮粥。

用法用量：早晚随量服用。

功效：有强健脾胃的作用，

对于急性肠炎引起的腹泻有明显疗效。

养生小语：山药含有淀粉酶、多酚氧化酶等物质，有利于脾胃消化

和吸收功能，适宜腹胀、长期腹泻者。

金银莲子粥

材料：粳米 50 ～ 100 克，金银花 15 克，莲子 10 克。

做法：金银花煎汁滤渣，金银花药液同莲子、粳米一起煮粥。

用法用量：每日两次温热服用。

功效：具有清热祛湿的作用，对于急性肠炎所引起的腹痛有明显

疗效。

养生小语：盛夏酷暑之际，喝金银花茶能预防中暑、肠炎、痢疾等症。

扁豆藿香粉

材料：白扁豆和藿香叶各 60 克。

做法：

① 将藿香叶晒干研末，白扁豆略加炒制研成粉。

② 两种粉末混合在一起即成。

用法用量：用姜汤送服，每天服用四五次，每次 10 克。

功效：对于急性肠炎有很好的疗效。

养生小语：藿香的鲜叶和干叶均可入药，可"避秽恶，解时行疫气"，具防暑祛湿的功效。藿香还富含多种营养元素和微量元素，其嫩茎叶做蔬菜食用，既美味可口，又能保健祛病。

车前子粥

材料：车前子 30 克，粳米适量。

做法：

① 车前子用纱布包好，加 500 毫升水煎汁。

② 汤液剩下 300 毫升后滤渣，加入粳米做成稀饭。

用法用量：分两次温热服用。

功效：对于急性肠炎有很好的疗效。

养生小语：凡用车前子，须以水淘洗去泥沙，晒干，入汤液炒过使用；入丸、散，则以酒浸一夜，蒸熟研烂，作饼晒干，焙研。

马铃薯橘姜汁

材料：鲜马铃薯 100 克，生姜 10 克，鲜橘子汁 30 毫升。

做法：

① 鲜马铃薯和生姜洗净后榨汁滤渣。

② 加 30 毫升鲜橘子汁搅匀隔水温热。

用法用量：每天服用 30 毫升。

功效：可有效治疗急性肠炎。

养生小语：食用马铃薯时一定要去皮，特别是要削净已变绿的皮。

此外，发了芽的马铃薯更有毒，避免食用。

温馨提醒：

急性肠炎患者宜吃一些软食，远离辛辣食品，不要喝酒，不要喝牛奶、

豆浆，多喝水。情况严重的暂时不要进食，以免加重肠道负担。

2. 慢性肠炎的药膳食疗方法

肠道的慢性炎症称为慢性肠炎。慢性肠炎的主要症状表现为间断性

腹部隐痛、腹胀、腹痛、腹泻以及大便次数增加等。

对于慢性肠炎我们有以下药膳食疗方法。

二白茯苓茶

材料：白芍、白术和炙好的附片各 15 克，生姜 10 克，茯苓和红糖

各 20 克。

做法：

① 先将附片炙煮半个小时后将水倒掉。

② 将生姜、茯苓、白术、白芍洗净后切片。

③ 将以上材料一同放入锅内，加适量水，旺火烧开。

④ 再用小火煎煮半个小时滤渣，加入红糖搅拌均匀即可。

用法用量：代茶饮用。

功效：具有消炎止泻的作用，对慢性肠炎患者治疗效果明显。

养生小语：红糖最好用玻璃器皿储存，密封后置于阴凉处。

川参归苓粥

材料：粟米 50 克，川芎、人参、白茯苓、当归、白术、白芍和桂枝各 5 克。

做法：以上材料清洗干净，一起放入铝锅内，加水旺火烧开后，再用小火煮半个小时，滤渣即可。

用法用量：代茶饮用，每天服用一次。

功效：具有消炎止泻的作用，适用于慢性肠炎。

养生小语：服用人参时，不可同时服食萝卜、茶叶，以免降低药效。阴虚阳亢及实邪热盛者忌用。

果香胡椒面

材料：草果 1 个，丁香 2 克，食盐和味精、胡椒粉各 3 克，白面条 250 克。

做法：

① 草果去芯研末，丁香研磨成细粉。

② 铝锅内加入清水，旺火煮沸后放入白面条。

③ 稍煮片刻加入胡椒粉、盐、丁香、草果、味精，面条熟透即成。

用法用量：每天食用一次，每次吃面条 100 克（连汤一块吃）。正餐食用。

功效：具有暖胃肠和止泻的功效，适用于慢性肠炎患者。

养生小语：草果忌铁。

烹饪指导：选择草果以个大、饱满、色红棕、气味浓者为佳。

黄芪薏仁粥

材料：黄芪和薏仁各 30 克，白米 100 克。

做法：白米、薏仁、黄芪清洗干净，黄芪切片，一起放入锅内旺火烧开，再用小火炖 40 分钟即可食用。

用法用量：每天食用一次，每次吃粥 100 克。正餐食用。

功效：具有补元气和止泻的作用，对于脾虚慢性肠炎患者有良好疗效。

养生小语：薏仁是补身药用佳品，冬天用薏仁炖猪蹄、排骨和鸡，是一种滋补食品。夏天用薏仁煮粥或做冷饮冰薏仁，又是很好的消暑健身的清补剂。

薏仁甜粥

材料：薏仁、粳米各 50 克，白糖适量。

做法：将粳米淘洗干净后加适量水和薏仁一同煮粥，粥熟时放入适量白糖即可食用。

用法用量：每天吃两次。

功效：对于慢性肠炎有疗效。

养生小语：薏仁以水煮软或炒熟，比较有利于肠胃的吸收，身体常觉疲倦没力气的人可以多吃。

莲肉荔枝粥

材料：莲肉 6 枚，去核的荔枝干 7 个，粳米 50 克，山药 15 克，白糖适量。

做法：将上述材料加适量水熬成粥，加入适量白糖调味。

用法用量：随量服用。

功效：对于慢性肠炎患者有疗效，尤其适合五更腹泻的小孩。

养生小语：荔枝干营养丰富，民间历来认为是补品，能补血滋脾。莲子的作用主要是补脾固涩，两者合用，搭配恰当。

芡实扁豆粥

材料： 粳米 75 克，薏仁、芡实、莲子、扁豆、山药各 15 克，红枣 10 枚。

做法： 将上述材料加水煮成粥。

用法用量： 一天服用两次。

功效： 对于慢性肠炎有很好疗效。

养生小语： 吃芡实要用慢火炖煮至熟烂，细嚼慢咽，方能发挥补养身体的作用。芡实有较强的收涩作用，便秘、尿赤者及妇女产后皆不宜食。

温馨提醒：

慢性肠炎患者的饮食调理。

（1）要忌食油腻和多纤维食品，以免加重肠道负担。慢性肠炎患者适合吃馄饨、蛋类、豆制品以及挂面、鱼虾等食品。少吃蔗糖和产气发酵食品，比如黄豆、南瓜、牛奶、红薯、马铃薯和白萝卜。禁忌生冷和坚硬食品。

（2）慢性肠炎患者如果出现脱水现象，就要服用米粥、菜汤、淡盐开水、菜汁和果汁来补充体内水分。

第四节

溃疡性肠炎的药膳调理

溃疡性肠炎的发病原因不明，主要表现为腹痛腹泻、黏液血便（下痢脓血）、肛门灼热和腹中不适，很想排泄却又泄不出来等症状，有时会导致全身乏力，情况严重者还会出现发烧、衰弱、消瘦和体痛等。慢性溃疡性肠炎患者容易导致蛋白质流失和营养不良，重症患者有可能引发癌变，急性患者容易出现大出血、中毒性巨结肠和肠穿孔，具有很高的死亡率。所以，日常的调养护理和预防至关重要。

溃疡性肠炎的日常药膳食疗方法如下。

桂枝茯苓粥

材料： 粟米 50 克，桂枝 10 克，茯苓 20 克，白术、白芍、川芎、当归和人参各 15 克。

做法：

① 将上述药材加水适量煎汁 25 分钟，滤渣取汁。

② 将粟米放入药液中，加适量清水煮粥，半个小时即可食用。

用法用量： 每日一次，一次吃完。

功效：具有祛痛止痢的功效，适用于溃疡性肠炎引起的绞痛、便中带血等症状。

养生小语：桂枝性温助热，如应用不当则有伤阴、动血之虞，故在温热病、阴虚火旺及出血症时不宜应用。

白芨粥

材料：白米100克，白芨10克。

做法：白米淘洗干净，白芨洗净切块，一同放入锅中加适量水旺火烧开，再用小火炖半个小时即可食用。

用法用量：去掉白芨，一次将米粥吃完，每天一次。

功效：具有养胃、止血、消肿的作用，适用于对大肠溃疡便血症状的治疗。

养生小语：白芨自古就是美容良药，被誉为"美白仙子"，还可治疗痤疮、体癣、疖肿、疤痕等皮肤病。

马蹄鹌鹑汤

材料：鹌鹑2只，马蹄60克，生姜6克，食盐4克，料酒10克。

做法：

① 鹌鹑去毛、去内脏、去爪子，清洗干净。

② 马蹄洗净去皮切块，生姜洗净切片。

③ 将生姜、鹌鹑和马蹄放入砂锅内，加上料酒和适量清水炖50分钟。

④ 加入食盐调味即可食用。

用法用量：每日一次。

功效：具有清热解毒、散结消痛的功效，对于大肠溃疡便血患者有一定疗效。

养生小语：鹌鹑可与"补药之王"人参相媲美，誉为"动物人参"，是老幼病弱者、高血压患者、肥胖症患者的上佳补品。

花生醋

材料：花生500克，米醋1千克。

做法：花生洗净放入瓶中，倒入米醋浸泡十天。

用法用量：每天吃两次，每次吃花生30克。

功效：具有消肿止泻的作用，十分适合溃疡性大肠炎患者食用。

养生小语：花生营养虽好，但发霉花生不可食，有致癌作用。

山药茯苓芡豆糕

材料：茯苓和白扁豆各20克，乌梅4个，红豆150克，鲜山药250克，芡实米30克，果料和白糖适量。

做法：

① 茯苓、芡实米和白扁豆研磨成细粉，乌梅和白糖熬成浓汁。

② 红豆淘洗干净，做成豆沙加白糖搅匀。

③ 鲜山药削去外皮蒸熟，捣碎成泥。

④ 将白扁豆、茯苓和芡实碎末隔水蒸熟，放入山药泥中搅拌均匀。

⑤ 将山药泥和豆沙泥隔层涂抹在蒸笼上，大约涂抹六七层。

⑥ 点缀上果料蒸熟，淋上乌梅汁即可食用。

用法用量：随量食用。

功效：具有健脾止泻的效果，对于溃疡性肠炎疗效显著。

养生小语：夏季用砂糖煎水做成酸梅汤饮料可以清凉解暑、生津止渴。

百合芡实粥

材料：粳米适量，百合和芡实各60克。

做法：百合和芡实洗净，加粳米煮粥，煮熟后即可食用。

用法用量：随量食用。

功效：具有治疗脾虚泄泻的功效，十分适合溃疡性肠炎的患者服用。

养生小语：鲜百合具有养心安神、润肺止咳的功效，对病后虚弱的人非常有益。

银花甜茶

材料：红糖和银花各30克。

做法：红糖和银花用开水冲泡。

用法用量：随量食用。

功效：能有效治疗溃疡性肠炎。

养生小语：银花性寒，味甘、微苦，脾胃虚寒者慎服。

白芨燕窝汤

材料：白芨 10 克，燕窝 3 克，冰糖 15 克，清水 300 克。

做法：

① 白芨切片，燕窝温水泡发，冰糖打破。

② 白芨和燕窝加清水，旺火烧开后转用慢火炖煮 15 分钟。

③ 加入冰糖屑，再煮三分钟即可食用。

用法用量：每天一次，单独食用。

功效：具有止血、消肿的作用，适用于溃疡性肠炎引起的大肠便血等症状。

养生小语：对于有吸烟的不良嗜好的人来说，燕窝是不可多得的"洗肺"佳品。

马铃薯姜橘汁

材料：鲜马铃薯 100 克，生姜 10 克，鲜橘子汁 30 毫升。

做法：鲜马铃薯和生姜洗净后榨汁滤渣，加 30 毫升鲜橘子汁搅匀后，隔水温热。

用法用量：每天服用 30 毫升。

功效：可有效治疗急性肠炎。

养生小语：橘子汁的饮用要注意与喝牛奶间隔一段

时间，一般应在喝牛奶后一小时为宜。

萝卜姜糖茶

材料：萝卜汁 50 毫升，生姜汁 15 毫升，蜜糖 30 克，浓红茶 1 杯。

做法：将上述材料搅匀后隔水蒸热。

用法用量：每天饮用两次。

功效：具有温化寒湿、行气导滞的功效，能有效治疗溃疡性肠炎引起的腹痛、里急后重（急于大便却无法爽快泻出来）等症。

养生小语：萝卜味甘辛性凉，吃烤鱼、烤肉时，宜与萝卜搭配食用，以分解其有害物质，减少毒性。

马铃薯大麦汤

材料：马铃薯 300 克，大麦仁 100 克，葱白、食盐和植物油各适量。

做法：

① 马铃薯洗净去皮切成小丁，大麦仁去除杂质淘洗干净。

② 将葱花倒入油锅炒香，加适量水再放入大麦仁煮沸。

③ 放入马铃薯丁和食盐煮熟即可食用。

用法用量：每天早晚各吃一次。

功效：对于溃疡性肠炎有很好疗效。

养生小语：大麦性平凉，

助胃气，无燥热。适宜胃气虚弱、消化不良者食用。

虾仁豆蘑汤

材料： 虾仁 400 克，青豆和蘑菇汤各 50 克，香菇 200 克，植物油、水淀粉、葱花、麻油、精盐、黄酒、味精和番茄酱各适量。

做法：

① 虾仁用七分热的油煎炸一分钟捞出来控油。

② 葱花、香菇丁和青豆在油锅略炒，放黄酒、味精，加蘑菇汤和精盐旺火烧开。

③ 用水将淀粉勾稀芡后加入虾仁、麻油和番茄酱，略煮片刻即可食用。

用法用量： 可以随餐随量食用。

功效： 对于溃疡性结肠炎有疗效。

养生小语： 虾仁味甘、咸，性温。宿疾者、正值上火之时不宜食虾。

烹饪指导： 购买虾仁时要注意色泽，以色白明亮为佳；如果色泽深黄，个体软碎不整，又无光泽，则质量欠佳，不宜购买食用。

温馨提醒：

溃疡性肠炎患者的日常饮食护理。

（1）尽量避免食用牛奶和乳制品，减少粗纤维食品的摄取，比如芹菜、

韭菜和萝卜等，多吃容易消化、富含铁、钙、镁、锌和叶酸的流质食品。如果症状严重则需要禁食，以便让肠道充分休息。

（2）避免使用辛辣刺激性的食品，不要吃生蔬菜和水果，不要吃油腻和油炸食品，以免加重肠道负担。饮食烹调方面，要注意刀工细致，烹调熟烂，以利于肠道的消化和吸收。

第五节

痢疾的饮食治疗

痢疾是一种急性肠道传染病，通常表现为发烧腹痛；大便次数增加而且伴有脓血，无论白天夜晚都有便意，数次数十次不等；腹部极为不适，里急后重（很想排便却又无法畅快排出来）。情况严重者还会出现高烧、神志不清等现象。

按照症状不同痢疾分为湿热蕴结型、寒湿困脾型、脾阳亏虚型、热毒炽盛型和正虚邪恋型五大类。

1. 湿热蕴结型痢疾的药膳食疗方法

湿热蕴结型痢疾主要表现为腹部疼痛，大便呈赤白色伴有脓血，每天大便数次到数十次不等，肛门有灼热感，里急后重，舌头发红，舌苔黄腻。

金银槟榔粥

材料：金银花 30 克，槟榔 15 克，白米适量。

做法：将金银花和槟榔煎汁，滤渣取汁，白米放入汁液中煮粥。

用法用量：每天服用一剂，分两次服用。

功效：治疗痢疾。

养生小语：槟榔果可以食用，沾卤水咀嚼，初次咀嚼者会脸红、胸闷，属于正常现象。

酸辣鲫鱼

材料：鲫鱼 500 克，蒜醋、胡椒粉、生姜和食盐各适量。

做法：鲫鱼洗净切成薄片，和蒜醋、胡椒粉、生姜、食盐一起熬煮成汤。

用法用量：吃肉喝汤，随量食用。

功效：治疗痢疾。

养生小语：吃鲫鱼的最佳时期是冬令时节，鲫鱼与豆腐搭配炖汤营养最佳。

槟榔甜苋粥

材料：马齿苋 50 克，槟榔和冰糖各 15 克。

做法：将马齿苋和槟榔煎汁，滤渣取汁，放入冰糖溶化搅匀后即可服用。

用法用量：每日两次服用完毕。

功效：治疗痢疾。

养生小语：马齿苋为治菌痢的良药，可单用本品煎服，以新鲜者效果较佳。

萝卜汁

材料：鲜白萝卜1个，蜂蜜适量。

做法：白萝卜榨汁后去渣，加入蜂蜜调匀即可。

用法用量：每次喝三四汤匙即可。

功效：治疗痢疾。

养生小语：蜂蜜中的B族维生素较多，能使体内脂肪转化为能量而释放，所以，蜂蜜虽比白糖甜却不会使人发胖。

2. 寒湿困脾型痢疾的药膳食疗方法

寒湿困脾型痢疾主要表现为腹部疼痛，头脑发重，身体困乏，脘痞纳少，口黏不渴，舌苔白腻，大便赤白黏冻。

砂仁烤猪肝

材料：猪肝1副，砂仁末100克。

做法：

① 猪肝洗净去薄膜和筋络，切薄片。

② 砂仁末撒在肝片上，用三重湿纸包裹好放置烤箱烤熟。

用法用量：趁热随意吃。

功效：对于痢疾导致的腹泻次数过多有明显疗效。

养生小语：砂仁味辛、性温，阴虚血燥、火热内炽者慎服。

陈皮猪腰馄饨

材料：猪腰子2个，陈皮15克，面粉、花椒水和酱油各适量。

做法：

① 猪腰洗净后切碎，陈皮研成碎末。

② 将猪腰子和陈皮用花椒水和酱油调匀做成肉馅。

③ 面粉擀成面皮做成馄饨。

用法用量：空腹随量吃下。

功效：治疗痢疾。

养生小语：新鲜猪腰有层膜，光泽润泽不变色。质脆嫩，以色浅者为好。

陈皮肉桂粥

材料：陈皮10克，肉桂4克，山楂12克，当归6克，红糖30克，白米200克。

做法：

① 将肉桂、陈皮、当归、山楂煎汁去渣。

② 放入白米煮成粥，粥熟的时候加入红糖。

用法用量： 分成四等份，每天服用两次，两天服用一剂。

功效： 治疗痢疾。

养生小语： 山楂味酸、甘，性微温。能开胃消食、化滞消积、治痢疾。胃酸过多、消化性溃疡和龋齿者以及服用滋补药品期间忌服用。

附子甜粥

材料： 白米100克，红糖15克，制附子10克，葱白2根，干姜5克。

做法：

① 白米淘洗干净，葱白洗净切段，干姜浸泡后洗净。

② 制附子和干姜放入水中煎煮一个小时后滤渣取汁。

③ 白米和葱白放进汁液中煮粥，粥熟后加入红糖。

用法用量： 每天服用一剂，分两次服食。

功效： 治疗痢疾。

养生小语： 生附子毒性较熟附片为强，需严格控制使用，一般只供外用。

3. 脾阳亏虚型痢疾的药膳食疗方法

脾阳亏虚型痢疾主要症状为排便不畅，腹部冷痛，症状持续时间长，大便呈白黏冻状，舌头颜色丹白，苔白色水滑，畏寒怕冷，四肢冰冷。

大蒜炒鸡蛋

材料：大蒜适量，鸡蛋两个。

做法：

① 大蒜去皮切碎，鸡蛋打破。

② 先将蒜放到热锅上炒片刻，放入鸡蛋液炒熟。

用法用量：吃蛋吃蒜。

功效：治疗痢疾效果明显。

养生小语：煎鸡蛋不要经常吃，蛋黄本来就含有很高的胆固醇，煎时热量更高，油温太高、掌握不好火候还会产生有毒物质。

肉桂胡椒粥

材料：白米 100 克，肉桂 1.5 克，胡椒和荜茇各 3 克。

做法：将胡椒和荜茇、肉桂一起研成碎末，和白米一起煮成粥。

用法用量：每天一剂，分两次服食。

功效：治疗痢疾。

养生小语：胡椒的热性高，吃了很容易让人体内阳气生发，所以每次最好别多吃，在 0.3 ～ 1 克比较适宜。另外，发炎和上火的人要暂时禁吃胡椒，否则更容易动火伤气。

良姜甜粥

材料：白米 100 克，红糖 15 克，高良姜 6 克，干姜 5 克。

做法：

① 将高良姜、白米和干姜一同煮成粥。

② 粥煮好后去掉高良姜和干姜，加入红糖搅拌均匀。

用法用量：每日一剂，分两次服食。

功效：治疗痢疾。

养生小语：高良姜宜炒过入药。

陈皮辣鱼

材料：鲫鱼1条（约1千克），胡椒、荜茇、陈皮、缩砂仁、泡辣椒各10克，大蒜2个，食盐、菜油、葱和酱油少许。

做法：

① 鲫鱼去腮、去鳞、去内脏，清洗干净。

② 大蒜剥皮。将大蒜、调味料和上述药材装进鱼肚子里。

③ 油锅内放入菜油烧热，放入鲫鱼炸熟，加入适量清水炖成羹即可食用。

用法用量：空腹随量食用。

功效：具有醒脾暖胃的功效，有效治疗痢疾。

养生小语：泡辣椒有健胃治痢的功效，是一种既卫生又保健的食品。

大蒜粳米粥

材料： 粳米 100 克，紫皮大蒜 30 克。

做法：

① 大蒜去皮，放沸水中煮一分钟捞出。

② 粳米淘洗干净，放入煮蒜的水中煮粥。

③ 煮沸后将蒜放入粥内煮十分钟即可食用。

用法用量： 一早一晚温热随量食用。

功效： 对于痢疾有良好的疗效。

养生小语： 大蒜性温，味辛，有温中消食、解毒杀虫、破瘀除湿等功效。用紫皮大蒜煮粥食用，有下气、消炎、健胃、止痢等作用。

韭菜米粥

材料： 粳米 100 克，鲜韭菜 30 ～ 60 克，食盐少许。

做法：

① 韭菜洗净切碎。

② 粳米淘洗干净加少许盐煮粥。

③ 煮沸放入韭菜煮至粥熟。

用法用量： 一早一晚温热食用。

功效： 具有健脾暖胃

的功效，能有效治疗痢疾。

养生小语：宜用新鲜韭菜煮粥，现煮现吃，隔日的不要吃。阴虚身热、身有疮疡、患眼疾者忌食。夏季不宜食。

4. 热毒炽盛型痢疾的药膳食疗方法

热毒炽盛型痢疾主要表现为发病突然急促，腹部疼痛剧烈，大便呈现发紫的脓血状，气味腐臭，或者恶心呕吐，或者表现为腹泻之前发高烧，烦躁不安、四肢发冷，腹满胀痛，脸色苍白。舌头成绛红色，舌苔发黄干燥。

马齿苋粥

材料：马齿苋和粳米各适量。

做法：上述材料一同煮粥。

用法用量：空腹随量食用。

功效：对于痢疾很有疗效。

注意事项：不要放入食醋和食盐。

养生小语：熬粥最好用砂锅，不宜用铁锅和铝锅，特别是熬制一些有治疗作用的药粥时更应如此。

5. 正虚邪恋型痢疾的药膳食疗方法

正虚邪恋型痢疾的症状是腹泻时发时止，腹泻时大便成白色黏冻状或果酱状，不腹泻时身体疲惫乏力，饭量减少，腹胀或者疼痛，舌苔淡白轻薄。

细茶桃仁汁

材料： 细茶和干姜各 6 克，核桃仁 30 克，红糖 10 克。

做法： 将干姜、细茶和核桃仁放入水中煎 40 分钟，滤渣取汁，加入红糖调味即可。

用法用量： 每天服用两次，每日一剂。

功效： 治疗痢疾。

养生小语： 茶叶不宜和人参、西洋参一起食用，会影响药效。

茶叶粥

材料： 粳米 100 克，陈茶叶 10 克。

做法： 将茶叶煎汁去渣，汁液和粳米一同煮成稀粥。

用法用量： 温热食用，上下午各一次，临睡前不要吃。

功效： 具有消食化痰、清热止痢的良好功效。

养生小语： 茶叶中的儿茶素和脂多糖有抗辐射的功效，能使某些放射性元素不被吸收而排出体外，国外有人把茶叶称为"超原子时代的高级饮料"。

芜荑醋肝

材料：猪肝1个，芜荑末适量，浓醋2升。

做法：猪肝洗净，和醋一起煮熟切片，撒上芜荑末调味。

用法用量：空腹随量食用。

功效：对于痢疾引起的水泻很有疗效。

养生小语：芜荑味辛、性平，能够除湿止痢，脾胃虚弱者慎服。

 温馨提醒：

痢疾患者的饮食护理。

（1）痢疾紧急发作期间不要进食，以便清理肠胃。或者根据实际情况，进食一些容易消化的流食。可以饮用一些果汁和盐开水，也可喝红、绿茶水。

（2）如果病情好转，就可以吃一些低脂肪容易消化的半流食。比如米粥、龙须面、新鲜果汁菜汁、肉泥粥、菜末粥和小薄面片等。

（3）恢复期间也要少吃油腻食品，多吃容易消化的软饭，可以干稀搭配。

（4）痢疾期间不要吃油腻荤腥和干冷生硬的食品，也不要吃不易消化的粗纤维食品，不要进食牛奶、蔗糖和鸡蛋等，以免加重肠道负担，引发胀气。可以多吃熟柿子，每天吃两三次大蒜汁。

（5）痢疾期间大便次数多，要注意便后洗手，尤其注意饮食卫生，防止二次感染，加重病情。

第六节

便秘的药膳调理

大便次数减少，大便干燥，硬结块，排泄困难都属于便秘现象。便秘患者常常有腹胀、腹痛、头晕乏力、肛门坠胀疼痛和食欲不振等症状。便秘不是一种具体的疾病，而是一种多种疾病的综合症状。

1. 常用的药膳食疗方法

麻仁苏子粥

材料：糯米适量，麻仁和苏子各 15 克。

做法：糯米淘洗干净，加适量清水，连同麻仁、苏子一同煮粥。

用法用量：早晚各服用一小碗。

功效：具有理气通便的效果，适合便秘者食用，疗效显著。

养生小语：麻仁阳明正药，滑肠润燥，利便除风。苏子兼走太阴，润肺通肠，和血下气，行而不峻，缓而能通。故老人便秘、产妇气血不足者适宜用之。

马铃薯蜜汁

材料：新鲜马铃薯 1 千克，蜂蜜适量。

做法：

① 马铃薯洗净榨汁，滤渣取汁。

② 将汁液在小火上煮至黏稠，加入多于汁液一倍量的蜂蜜，再次煎至黏稠状。

③ 冷却后装瓶备用。

用法用量：每天空腹食用两次，每次食用 10 毫升。

功效：具有健脾益气的效果，适合便秘患者食用，疗效显著。

养生小语：蜂蜜有凉性与热性之分，明朝医学家李时珍指出："蜂蜜入药之功有五：清热也，补中也，润燥也，解毒也，止痛也。生则性凉，故能清热。熟则性温，故能补中。甘而和平，故能解毒。柔而濡泽，故能润燥。缓可以去急，故能止心腹肌肉创伤之痛。和可以致中，故能调和百药，而与甘草同功。"

烹饪指导：治疗便秘最好还是用凉性的蜂蜜，如黄连蜜、荆花蜜、槐花蜜、紫云英蜜等。

桑葚糖饼

材料：白砂糖 500 克，干桑葚末 200 克，食用油适量。

做法：

① 白砂糖加少量清水小

火煎成糊状。

② 加入干桑葚末，搅拌均匀后继续煎。

③ 一直煎到用手拿起而且不黏手的糖饼状，下锅停火。

④ 在瓷盘里涂抹少许食用油，将糖饼倒入瓷盘中，稍冷却后切成小块即可食用。

用法用量： 随量食用。

功效： 滋补肝肾，能有效治疗便秘。

注意事项： 将材料中的桑葚末改换成松子仁末，做法一样，也能有效治疗便秘。

养生小语： 桑葚味甘酸、性寒，所以脾胃虚弱，大便溏薄者不宜多食。

绿豆青椒粥

材料： 糯米 100 克，绿豆 50 克，青椒 1 个，海米 30 克，调味料适量。

做法：

① 青椒洗净切丝，用开水焯熟，沥干晾凉。海米用酒浸泡后蒸熟。

② 糯米和绿豆加入适量清水煮熟。

③ 放入青椒丝和海米小火煮五分钟后，根据口味加入调味料即可食用。

用法用量： 随量食用。

功效： 润肠通淋，活血通脉，能有效治疗便秘。

养生小语： 绿豆性凉味甘，适用于湿热郁滞、大便秘结、小便不利、目赤肿痛等患者。辣椒味辛、性热，有温中散寒，开胃消食的功效。两者搭配可以有效治疗便秘。

槟榔二仁粥

材料：糯米 100 克，槟榔 15 克，郁李仁 15 克，火麻仁 15 克。

做法：

① 糯米淘洗干净，槟榔捣成碎末，去皮郁李仁研膏，火麻仁煎汁。

② 用火麻仁汁和糯米煮粥，粥将熟时加入槟榔末、郁李仁膏搅匀。

用法用量：空腹食用，每天两次。

功效：具有理气、润肠、通便的效果，对于胸膈满闷、大便秘结有明显疗效。

养生小语：郁李仁、火麻仁都能润肠通便，但火麻仁滋养润燥，作用缓和，适用于病后体虚及胎前产后的肠燥便秘。郁李仁则滑肠通便作用较强，且能利尿。服郁李仁后，在大便解下前可能有腹部隐痛。

香蕉蒸冰糖

材料：香蕉 2 根，冰糖适量。

做法：将香蕉去皮切段，加冰糖一起隔水蒸。

用法用量：每天吃两次，连续服用数日。

功效：具有清热润燥，解毒滑肠和补中和胃的功效，对于虚弱病人的便秘疗效显著。

养生小语：香蕉味甘性寒，可清热润肠，促进肠胃蠕动，但脾虚泄泻者却不宜。

松子核桃粥

材料：粳米100克，松子仁15克，核桃仁10粒。

做法：

① 粳米淘洗干净，松子仁和核桃仁研末。

② 将上述材料放在一起，加水一升煮粥。

用法用量：随量食用。

功效：对于阴血不足、肠燥津枯引起的便秘很有疗效。

养生小语：核桃性温、味甘、无毒，核桃仁有通便作用，核桃外壳煮水却可治疗腹泻。

苁蓉肉桂粥

材料：肉苁蓉24克，糯米50～100克，肉桂末3克，食盐、麻油适量。

做法：

① 肉苁蓉洗净捣烂如泥，糯米淘洗干净，将粳米和肉苁蓉一起煮粥。

② 加入肉桂末搅匀，根据口味放入适量食盐、麻油调味。

用法用量：每日一剂，分一到两次服完，连服五到七天。

功效：对阳虚引起的大便秘结，排便无力，小便清长，手足不温者有明显疗效。

养生小语：肉苁蓉性温、味甘酸咸，补肾阳，益精血，润肠通便。胃弱便溏，相火旺者慎用。

芝麻玉米糕

材料：黑芝麻 15 克，火麻仁 6 克，粟子 20 克，玉米粉 30 克。

做法：

① 将黑芝麻、火麻仁和粟子研末。

② 上述材料一起加水做成糕，篦子上蒸 20 分钟即可食用。

用法用量： 随量食用。

功效： 适用于老年人肾气不足之便秘。

养生小语：《食物本草》记载，栗子"主益气，厚肠胃，补肾气，令人耐饥"。食用栗子要得法，最好在两餐之间把栗子当成零食，或做在饭菜里吃，而不要饭后大量吃。这是因为栗子含淀粉较多，饭后吃容易使人体得到过多的热量，不利于保持体重。

2. 小孩便秘的食疗方法

小孩便秘的表现症状是大便干燥、坚硬，或者间隔时间长，两三天甚至更长时间才排便一次。饮食不当、病后体弱、体内火气太盛、饮食过饱而伤食等，都可能引起小孩便秘。

常用的治疗小孩便秘的药膳食疗方法如下。

（1）积热类便秘的药膳食疗

小孩积热类便秘是指喂养不当或者过饱伤食造成的便秘。表现症状为大便干燥坚硬，小孩腹胀腹痛烦躁不安，手心脚心发烧，口气发臭难闻。

南瓜根汁

材料： 南瓜根 50 ～ 100 克。

做法： 南瓜根清洗干净后切碎，锅内煎汁。

用法用量： 每日一次，连服数剂，直到大便通透，便秘症状消失。

功效： 治疗小孩便秘。

注意事项： 三岁以下幼儿可以添加适量白糖调味。

养生小语： 南瓜根性平，味淡，无毒，《闽东本草》记载："南瓜根一两五钱，浓煎灌肠，可治便秘。"

银耳鲜橙汤

材料： 银耳 10 ～ 15 克，鲜橙汁 20 毫升。

做法： 银耳泡发洗净隔水蒸，加入鲜橙汁调和。

用法用量： 吃银耳喝汤，每天一次，连续服用数天。

功效： 对小孩便秘有疗效。

养生小语： 银耳味甘、性平，用于治肺热咳嗽、肺燥干咳、妇女月经不调、胃炎、大便秘结等病症。对阴虚火旺不受参茸等温热滋补的病人是一种良好的补品。

菠菜米粥

材料： 菠菜 100 克，粳米 50 ～ 100 克，油、盐等调味适量。

做法：

① 菠菜洗净，放入开水中煮至半熟，捞出切段。

② 粳米淘洗干净煮粥，粥成后放入菠菜再稍微煮一会儿，加油、盐等调味。

用法用量：每天服用一剂，分一至两次服用，连服五至七天。

功效：对小孩便秘很有疗效。

养生小语：菠菜性凉、味甘辛、无毒，具有促进肠道蠕动的作用，利于排便，且能促进胰腺分泌，帮助消化。但是，菠菜所含草酸与钙盐能结合成草酸钙结晶，使肾炎病人的尿色浑浊，管型及盐类结晶增多，故肾炎和肾结石者不宜食用。

萝卜蜜汁

材料：白萝卜1个（中等大），蜂蜜100克。

做法：萝卜洗净，中心挖空，放入蜂蜜隔水蒸煮。

用法用量：喝蜜水吃萝卜，连续服用。

功效：对小孩便秘疗效显著。

养生小语：白萝卜味甘、性凉，阴盛偏寒体质者、脾胃虚寒者不宜多食。萝卜主泻、胡萝卜为补，两者最好不要同时食用。若要一起吃，则应加醋来调和，以利于营养吸收。

（2）虚弱便秘的药膳食疗

小孩虚弱便秘指的是小孩身体虚弱或者大病之后引起的便秘。表现为大便先干后稀，艰涩难解，食欲不振，腹部胀满，疲倦乏力，脸色发黄。

麦片牛奶

材料：麦片30克，鲜奶150毫升。

做法：麦片放进杯里，加入牛奶拌匀服用。

用法用量：连续服用五到七天。

功效：有效治疗小孩便秘。

养生小语：药品不宜用牛奶送服，食用牛奶及其制品，应与服药时间相隔一个半小时。

海参木耳红薯汤

材料：海参20克，黑木耳30克，红薯50～100克，白糖适量。

做法：

① 将黑木耳温开水泡发洗净，红薯洗净后去皮切成小块。

② 将上述材料一起放入锅内煮熟，加入白糖调味。

用法用量：吃红薯、海参和黑木耳，喝汤，每次服用一两剂，连续服用数天，两岁以下小孩减半服用。

功效：对于治疗小孩便秘有疗效。

养生小语：干木耳烹调前宜用温水泡发，泡发后仍然紧缩在一起的部分不宜吃。鲜木耳含有毒素，不可食用。

黑芝麻红枣糊

材料：黑芝麻 30～50 克，红枣 10 枚。

做法：

① 黑芝麻锅内炒脆研成碎末。

② 红枣去核，与黑芝麻粉一起捣烂搅匀。

用法用量：温开水送服，每天吃一两剂，连续服用七天到十天。

功效：对于小孩便秘疗效明显。

养生小语：黑芝麻味甘、性平，补肝肾，益精血，润肠燥。患有慢性肠炎、便溏腹泻者忌食。

烹饪指导：芝麻仁外面有一层稍硬的膜，把它碾碎才能使人体吸收到营养，所以整粒的芝麻应加工后再吃。

首乌红枣粥

材料：粳米 50～100
克，何首乌 18 克，红枣 5 枚，
冰糖适量。

做法：

① 何首乌加适量水煎
汁去渣。

② 将红枣和粳米放入汁液中煮粥，加入冰糖调和。

用法用量： 每天服用一剂，分一至两次吃完，连续服用七天到十天。

功效： 对于小孩便秘疗效显著。

养生小语： 何首乌味苦、甘、涩，性温。润肠宜生用，鲜何首乌润肠之功效较生首乌更佳。

海参槐花大肠汤

材料： 猪大肠 15 厘米，海参 12 克，槐花 18 克，麻油、食盐和葱、姜适量。

做法：

① 猪大肠洗净，塞入海参和槐花，将大肠两头用干净丝线扎紧煮至熟烂。

② 根据小孩口味加入麻油、食盐和葱、姜等调味。

用法用量： 喝汤吃肉，每天或者隔日一剂，连续服用五到七次。两岁以下小孩只宜喝汤。

功效： 有效治疗小孩便秘。

养生小语： 猪肠性味甘平微寒，《本草纲目》云："润肠治燥，调血痢脏毒。"汤中槐花性味苦微寒，有清热、凉血、止血之功效。

温馨提醒：

便秘者的日常饮食护理。

（1）不要吃钙质食品和蛋白质食品。钙质和蛋白质食品如果摄取过多，会使大便更加干燥，更加难以排出。所以，要在维持身体营养的情况下少吃这些食品。含有大量的蛋白质或钙质的食品若摄取过多，会使大便呈碱性，干燥而量少，难以排出。

（2）不要吃过于精细的食品，比如肉、蛋、奶食品，要多吃粗粮和粗纤维的蔬菜食品，要注意多饮水。

（3）不要进食辛辣温热和引起兴奋的食品，这些食品能引起大便干燥，不宜食用。尤其是浓茶具有收敛作用，会使肠道分泌减弱，加重便秘症状。

（4）养成定时排便的习惯。无论有没有便意，只要环境允许，就要在固定的时间去厕所大便。养成固定大便的习惯，对于治愈便秘很有帮助。

（5）便秘的老年患者，要多吃富含植物纤维的蔬菜和水果。蔬菜中以茭白、韭菜、菠菜、芹菜、丝瓜、藕等含纤维素多，水果中以柿子、葡萄、杏、鸭梨、苹果、香蕉、番茄等含纤维素多。

（6）注意锻炼身体，多做腹部按摩，避免使用药力强劲的泻药，也不要交替使用泻药。用药要遵医嘱。

（7）远离烟酒，不要多吃糖。干豆类、洋葱、马铃薯、白薯等食品能引起胀气，加重便秘症状，故不要多吃。

（8）便秘者忌食的食品有莲子、栗子、芡实、高粱、豇豆、大蒜、辣椒、茴香、花椒、白豆蔻、草豆蔻、肉桂、炒蚕豆、炒花生、炒黄豆、爆玉米花、咖啡、浓茶、生姜、韭菜、羊肉、鸡肉、香菜、芹菜、动物软骨、虾皮、海带、紫菜、乳类、乳制品、瘦肉类、鱼类、蛋黄、皮蛋、咸蛋、豆类等。

第七节

胃痛的食疗方法

凡以胃脘部位经常发生疼痛为主的病症都称为胃痛。饮食习惯不良、常吃寒凉食品、脾胃虚弱以及生活节奏快、精神压力大等都会诱发胃痛。治疗胃痛最好的办法是食疗，并辅助于药物。

治疗胃痛比较常见的药膳食疗方法如下。

胡椒猪肚

材料：新鲜猪肚一个或者半个，生姜3片，白胡椒15克，精盐、味精、料酒各适量。

做法：

① 猪肚洗净入开水烫去腥臊，生姜洗净去皮，白胡椒拍碎。

② 将生姜、白胡椒放进猪肚内，用干净丝线扎紧上下口，放进砂锅煲汤。

③ 中火煲一个半小时后调味。

用法用量：随量饮汤食猪肚

功效：对于虚寒引起的胃痛疗效显著。

养生小语：猪肚含有蛋白质、脂肪、碳水化合物、维生素及钙、磷、铁等，具有补虚损、健脾胃的功效，适用于气血虚损、身体瘦弱者食用。

佛仁肉煲

材料：新鲜猪肉 250 克，新鲜佛手 30 克（干佛手 15 克），砂仁 5 克，食盐、麻油、味精适量。

做法：

① 将佛手切片，与瘦猪肉一同放进砂锅内，用中火煲汤一小时。

② 然后放进砂仁，五分钟后起锅调味。

用法用量：随量吃肉喝汤。

功效：适用于肝气反胃引起的胃痛。

养生小语：用鲜佛手 12 ～ 15 克（干的 6 克），开水冲泡，代茶饮。治胃气痛有效。

沙田柚花猪肚汤

材料：新鲜猪肚 250 克，沙田柚花 5 克，生姜 2 ～ 3 片，食盐适量。

做法：

① 沙田柚花洗净，稍浸泡。

② 猪肚剔去脏杂，用生粉或食盐反复洗净，再用水洗净。

③ 猪肚切为条状，一起与沙田柚花、生姜放进瓦煲内，加入清水 2.5 升。

④ 武火煲沸后改为文火煲三个小时，调入适量的食盐和酱油便可。

用法用量：吃猪肚喝汤。

功效：对于肝胃气痛有明显疗效。

养生小语：沙田柚花为每年柚树开花时的花蕾采收晒干。其性温、味甘，能行气、止痛、祛痰。

茵陈猪肉煲

材料：猪肉200克，土茵陈12克，救必应15克。

做法：猪肉洗净切块，连同土茵陈和救必应一同用中火煲汤约一个小时，下锅调味。

用法用量：随量吃肉喝汤。

功效：适合湿热胃痛患者服用。

养生小语：救必应性味苦、寒，可用于胃痛、腹痛、肾绞痛等。

陈皮鲤鱼

材料：鲤鱼1条（中等大小），胡椒3克，陈皮10克，生姜30克，食盐、味精适量。

做法：

① 将鲤鱼刮鳞、去内脏后洗净。

② 陈皮、胡椒和生姜用干净的纱布包好，放入鲤鱼肚中。

③ 小火煨熟，加入味精、食盐调味即可食用。

用法用量：随量吃鱼喝汤。

功效：具有温中散寒，理气止痛的作用，适用于胃痛患者。

养生小语：鲤鱼的脂肪多为不饱和脂肪酸，能很好地降低胆固醇，可以防治动脉硬化、冠心病，因此，多吃鱼可以健康长寿。

木耳炒肉片

材料：干木耳15克，瘦猪肉60克，食盐适量。

做法：

① 黑木耳用温水发好、洗净。

② 瘦猪肉切片，放入油锅中炒两分钟后，加入发好的黑木耳同炒。

③ 加食盐适量，高汤少许，焖烧五分钟即可服食。

用法用量：每周三次，佐餐食用。

功效：适合因为情志不畅所致的胃痛。

养生小语：黑木耳益胃滋肾、调理中气，与瘦猪肉合用可补益脾胃、调理中气。

生姜鲫鱼汤

材料：生姜30克，陈皮10克，胡椒3克，鲫鱼1条。

做法：

① 将鱼去鳞，剖肚去内脏。

② 生姜、陈皮、胡椒用纱布包好，放入鱼肚中。

③ 加适量清水煨熟，加入盐、味精等调味。

用法用量： 食鱼喝汤，佐餐食用。

功效： 温中散寒，理气止痛，适用于虚寒性胃痛。

养生小语： 鲫鱼汤不但味香汤鲜，而且具有较强的滋补作用，适宜脾胃虚弱，饮食不香之人食用。也适宜麻疹初期小孩或麻疹透发不快者食用。

陈皮山楂汁

材料： 陈皮 6 克，山楂肉 10 克，红糖 30 克。

做法：

① 山楂肉用开水煎煮 15 分钟。

② 放入陈皮，煮到山楂肉快要熟的时候起锅熄火。

③ 滤渣取汁，放入红糖搅拌均匀即可食用。

用法用量： 趁热随量服用。

功效： 有温胃消食止痛的作用。

养生小语： 山楂助消化只是促进消化液分泌，并不是通过健脾胃的功能来消化食物，所以平素脾胃虚弱者不宜食用。

烹饪指导： 山楂用

水煮一下可以去掉一些酸味，如果还觉得酸，就可以适量加一点儿糖。

仙人掌猪肚汤

材料：猪肚 1 个，仙人掌 30 ～ 60 克。

做法：

① 猪肚洗净，入沸水焯去腥臊血污。

② 将仙人掌装入猪肚内，文火炖至熟烂。

用法用量：随量吃肉喝汤。

功效：具有行气活血和健脾益胃的功效。对于长年不愈的胃痛有良好的治疗效果。

养生小语：仙人掌味苦、性凉，有清热解毒，散瘀消肿，健胃止痛之功效。食用仙人掌的嫩茎可以当做蔬菜食用，果实则是一种口感清甜的水果，老茎还可加工成具有除血脂、降胆固醇等作用的保健品、药品。

牛奶甜姜汁

材料：牛奶 150 毫升，姜汁 1 汤匙，白糖适量。

做法：上述材料一起搅匀，隔水炖煮即可服用。

用法用量：每天服用两次，每次一剂。

功效：具有温中散寒，缓急止痛的功效，对于胃痛、嗳气泛酸等症状有明显的治疗效果。

养生小语：牛奶加蜂蜜是非常好的搭配，有治疗贫血和缓解痛经的作用。

烹饪指导：科学的煮奶方法是用旺火煮奶，奶将要开时马上离火，然后再加热，如此反复三至四次，既能保持牛奶的养分，又能有效地杀死奶中的细菌。

温馨提醒：

胃痛患者的饮食原则：

（1）少吃油腻、油炸和高脂肪的食品。

（2）远离辛辣食物。

（3）注意少喝咖啡，少吃巧克力。

（4）戒烟戒酒，少喝汽水。

（5）对于柳橙和柠檬等味道较酸的水果要谨慎服用，应根据自己的胃部承受能力取舍。

第八节

急、慢性胃炎的药膳调理

1. 急性胃炎的药膳调理

我们把胃黏膜的急性炎症称之为急性胃炎，主要表现为胃部黏膜水肿充血及黏膜点状出血等。进食过冷或者过热、饮酒过量以及喝过多的咖啡都会引起急性胃炎。

以下药膳方法可以有效治疗急性胃炎。

桂苓粥

材料：粳米 50 克，桂花心和茯苓各 2 克。

做法：

① 粳米淘洗干净待用。

② 桂花心和茯苓一同放入锅内，加适量清水。

③ 武火烧开后，再用慢火煮 20 分钟，滤去渣子留下药汁。

④ 将粳米和药汁倒入锅内，加清水适量。

⑤ 大火煮沸后改用小火熬煮，米烂成粥即可食用。

用法用量：每日早晚餐服用即可。

功效：适合急性胃炎患者服用，效果良好。

养生小语：茯苓能化解黑斑疤痕，与蜂蜜搭配抹脸，既能营养肌肤又能淡化色素。

糖藕粥

材料：粳米 100 克，鲜藕和红糖各适量。

做法：

① 粳米淘洗干净，鲜藕清洗干净后切成薄片。

② 将藕片和红糖以及粳米一同放入锅内，加适量清水，用旺火煮沸，转用小火熬煮至米烂成粥。

用法用量：每天早晚餐服用两次。

功效：对于急性胃炎有很好疗效。

养生小语：秋季鲜藕最好煮熟了再吃，因为有些藕寄生着姜片虫，很容易引起姜片虫病。

橙子蜜汁

材料：橙子 1 个，蜂蜜 50 克。

做法：

① 橙子用清水浸泡溶解其酸味，带皮切成四瓣。

② 将切好的橙子和蜂蜜一同放入锅内，加适量清水。

③ 旺火煮沸转用小火煮 20 ～ 25 分钟，取出渣子留汁。

用法用量：代茶随量饮用。

功效：对于急性胃炎疗效显著。

养生小语：橙子所含的抗氧化物质很高，包括 60 多种黄酮类和 17 种类胡萝卜素，常吃可防癌。

枸杞藕粉羹

材料：藕粉 50 克，枸杞 25 克。

做法：用适量清水将藕粉调匀，小火煮沸后加入枸杞，烧沸即可食用。

用法用量：每天服用两次。

功效：对于急性胃炎有很好的疗效。

养生小语：任何滋补品都不要过量食用，枸杞也不例外。一般来说，健康的成年人每天吃 20 克左右的枸杞比较合适。如果想发挥治疗的效果，每天最好吃 30 克左右。

橘皮粥

材料：新鲜橘皮 25 克，粳米 50 克。

做法：橘皮清水浸泡，用瓜果清洗剂清洗干净并切块，放入锅内加适量清水，和粳米一同煮熬。

用法用量：每天早餐服用一次。

功效：适合急性胃炎患者服用。

养生小语：橘子皮具有理气化痰、健胃除湿、降低血压等功能，是一种很好的中药材。可将其洗净晒干后，浸于白酒中，两至三周后即可饮用，能清肺化痰。

鲜桃蜜汁

材料：新鲜桃子1个，蜂蜜
20克。

做法：桃子洗净去皮去核，
榨汁滤渣，加入适量温开水和蜂
蜜即可服用。

用法用量：每天服用一到两
次，每次100毫升。

功效：对于急性胃炎疗效显著。

养生小语：如果桃子是从树上刚摘下来的，最好要放半天，等暑气
散去再吃比较好。没有完全成熟的桃子最好不要吃，吃了会引起腹胀或
腹泻。

温馨提醒：

急性胃炎患者的日常饮食护理。

（1）饮食要注意卫生，不吃过冷或过热食品，多吃易于消化的食品，
细嚼慢咽，不暴饮暴食，远离对胃有刺激性的药物。症状发作时，应以
咸食为主。

（2）呕吐频繁或者腹痛严重的患者，要卧床休息，暂时禁食。可以饮用糖盐水来补充人体的水分和钠盐。

（3）如果腹痛剧烈，就要暂时停止喝水，以便让肠胃彻底休息。等到症状好转时才可以酌情进食。

（4）远离辛辣刺激的食品，比如辣椒、葱、姜、蒜和食醋、花椒等，对于浓茶、可可和咖啡等兴奋性食品或饮料也要谨慎食用。饮食应以清淡为主，少吃油腻食品。

2. 慢性胃炎的药膳调理

慢性胃炎是一种常见病，发病率居于各种胃病之首。常见症状为胃脘胀满、反酸、恶心呕吐、疼痛、烧心、呃逆及消化不良等。饮食不节和情绪失调都有可能引发慢性胃炎。

对于慢性胃炎有以下几种食疗方法。

鱼肚瘦肉羹

材料： 瘦猪肉 200 克，鱼肚 100 克，食盐、味精、麻油等调味料适量。

做法：

① 猪肉清洗干净切块备用。

② 鱼肚洗净，和猪肉一起隔水炖烂，加入调味料。

用法用量： 随量食用。

功效： 具有补虚止痛的功效。能强健身体增强食欲，对于慢性胃炎有良好疗效。

养生小语： 鱼肚味厚滋腻，胃呆痰多、舌苔厚腻者忌食，感冒患者忌食，食欲不振和痰湿盛者忌用。

烹饪指导： 鱼肚在食用前，必须提前泡发，切忌与煮虾、蟹的水接触，以免沾染异味并使鱼肚泄掉。

肉桂白芷鸡

材料： 公鸡1只（中等大小），山药1块（中等大小），姜、肉桂、花椒、木香、砂仁、白芷和玉果各3克，葱、酱油、盐各适量。

做法：

① 公鸡去毛及内脏，清洗干净切块后，用开水焯去血污。

② 山药洗净刮皮切块。剩下的七种材料装入干净的纱袋中扎紧。

③ 上述材料一起放进砂锅中，加葱、酱油、盐少许和适量水，用小火慢炖，肉烂后取出纱布袋即可食用。

用法用量： 吃肉饮汤，一天吃两次。

功效： 具有补脾祛寒，理气止痛的功效，对于慢性胃炎疗效显著。

养生小语： 烹饪鸡肉时，黑色的营养色素会从鸡骨头中渗出，这是因为其中含铁，可以安全食用。

佛手肉汤

材料： 瘦猪肉 50 克，佛手片 12 克。

做法： 猪肉清洗干净切片，同佛手片一起煮汤饮用。

用法用量： 吃肉喝汤随量食用。

功效： 适合肝郁气滞型慢性胃炎患者。

养生小语： 食用猪肉后不宜大量饮茶，因为茶叶的鞣酸会与蛋白质合成具有收敛性的鞣酸蛋白质，使肠蠕动减慢，延长粪便在肠道中的滞留时间，不但易造成便秘，而且还增加了有毒物质和致癌物质的吸收，影响健康。

橘根猪肚

材料： 新鲜猪肚 1 个，金橘根 30 克。

做法：

① 猪肚清洗干净切碎，金橘根切碎，一起放入砂锅中加水 1 升。

② 文火将砂锅中的水炖至 350 毫升左右。

用法用量： 随量吃猪肚喝汤。

功效： 适合肝郁气滞型慢性胃炎患者服用。

养生小语： 金橘根性味酸苦、温，含挥发油等。功能行气，散结，止痛。气虚火旺者慎服。

党参米粥

材料： 粳米 50 克，党参 25 克。

做法：

① 粳米淘洗干净，党参切碎。

② 将粳米和党参用铁锅炒至微黄，放进砂锅中加清水 1 升。

③ 用小火将汤液炖至 350 毫升后即可食用。

用法用量： 可分次随量食用。

功效： 对于脾胃虚寒
型慢性胃炎有疗效。

养生小语： 党参性平，
不温不燥，作用平和，实症、
热症禁服。正虚邪实症，
不宜单独应用。

玫瑰炖鲤鱼

材料： 鲜鲤鱼 1 条（中等大小），红豆 500 克，玫瑰花 15 克。

做法：

① 将鲤鱼和红豆、玫瑰花一起放进砂锅。

② 鱼肉炖烂后，去掉玫瑰花，放入调味即可。

用法用量： 随量吃肉吃豆喝汤。

功效： 适合瘀血停滞型慢性胃炎患者。

养生小语： 玫瑰花性温、味甘微苦，治疗肝胃气痛，可以取干玫瑰
花适量，冲汤代茶饮。

烹饪指导： 玫瑰花入药以气味芳香浓郁、朵大、瓣厚、色紫，鲜艳
者为佳。

黄芪牛肉汤

材料： 牛肉 500 克，党参和黄精各 15 克，黄芪 30 克，食盐、葱、姜和糖适量。

做法：

① 牛肉洗净放入沸水中焯去血污再切成块。

② 药材用干净纱布包好扎口，连同牛肉一起入锅。

③ 加水煮沸，用小火将牛肉焖熟（不可过于软烂）。

④ 将药袋去除，放食盐、葱、姜和糖调味即可。

用法用量： 随量吃肉喝汤。

功效： 对于慢性胃炎患者很有疗效。

养生小语： 在牛肉的众多做法中，清炖牛肉能较好地保存营养成分。

烹饪指导： 烹饪时放一个山楂、一块橘皮或一点茶叶，牛肉易烂。

牛奶鹌鹑蛋

材料： 牛奶半斤，鹌鹑蛋 1 个。

做法： 牛奶用旺火煮开后，打入鹌鹑蛋煮成荷包蛋食用。

用法用量： 连续服用半年。

功效： 具有和胃补虚的功效，适用于慢性胃炎。

养生小语： 鹌鹑蛋是冬令理想的滋补食品，脑血管病人不宜多食鹌鹑蛋。

参竹鸭汤

材料：老鸭子1只（中等大小），北沙参、玉竹各50克，食盐适量。

做法：鸭子去毛去内脏，清洗干净后用开水焯去血污。同北沙参、玉竹一起煮汤，加入适量食盐调味即可食用。

用法用量：随量食用。

功效：滋阴清补，适合慢性胃炎患者。

养生小语：鸭肉中含有较为丰富的烟酸，它是构成人体内两种重要辅酶的成分之一，对心肌梗死等心脏疾病患者有保护作用。

温馨提醒：

急、慢性胃炎患者不宜进食的食品。

莜麦、炒糯米、稷米、绿豆、水芹、韭菜（胃热患者不宜食用）、刀豆（胃热患者不宜食用）、黄瓜、丝瓜、葫芦、瓠子、蘑菇、香蕈、蛙肉、鸡肉（胃热患者禁忌食用）、蟹、牡蛎、蛏肉、牛奶（逆流性胃炎、食道炎患者禁忌食用）、酥油、梨、柚、香蕉（萎缩性胃炎患者不宜多食久食）、西瓜、柿子、果子露（体虚胃弱者不宜多饮）、大葱（胃热内盛者不宜食用）、良姜（慢性胃炎属脾胃虚寒者不宜食用）、胡椒、肉桂、丁香（急性胃炎不宜多食）、小茴香（急性胃炎患者不宜食用）、荜茇（素体阴虚及有内热者禁忌食用）、生花生（易引起消化不良）。

第九节

胃寒的食疗方法

俗话说"十胃九寒"，主要病因是饮食习惯不良，如饮食不节制、经常吃冷饮或冰冷的食物引起。要治疗胃寒应该尽量多吃温热性的食品。

常用的药膳食疗方法如下。

二皮参鸡汤

材料：公鸡 1 只（中等大小），党参 20 克，陈皮和桂皮各 3 克，苹果 2 克，干姜 6 克，胡椒 10 粒。

做法：公鸡去毛去内脏，清洗干净后用沸水焯去血污。和上述药材一同煮炖。

用法用量：随量吃肉喝汤。

功效：对于脾胃虚弱以及胃寒疼痛有疗效。

养生小语：夏季要以清补为主，如果食用乌鸡、老母鸡汤这样温补的汤就会适得其反，应该选择鸭汤或鸽子汤。

枣姜豆

材料： 红枣和黑豆各 1 千克，姜片 500 克。

做法： 上述材料洗净后一起放入水中煮熟。

用法用量： 每顿饭温热佐餐，吃红枣五六个，姜数片和黑豆一撮，可以连续吃数月。

功效： 能有效治疗胃寒症状。

养生小语： 常食黑豆可以提供食物中粗纤维，促进消化，防止便秘发生。

桂皮山楂汁

材料： 红糖 30 克，桂皮 6 克，山楂肉 10 克。

做法：

① 山楂肉用开水煎煮 15 分钟，放入桂皮。

② 煮到山楂肉快要熟的时候起锅熄火，滤渣取汁，放入红糖搅拌均匀即可。

用法用量： 趁热随量饮用。

功效： 有温胃消食止痛的作用。

养生小语： 市场上的山楂小食品含糖很多，应少吃，尽量食用鲜果。

白糖腌鲜姜

材料： 鲜姜和白糖各 500 克。

做法： 鲜姜洗净后切成碎末，和白糖腌在一起。

用法用量： 每顿饭前吃一小勺。此法如果坚持一星期都可以见效，如没有彻底治好，可以一直吃下去，直到症状消失。

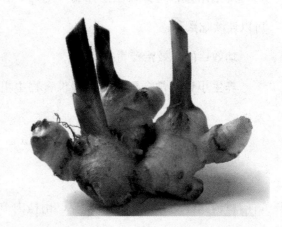

功效： 治疗胃寒。

养生小语： 吃食物时，不要蘸着生白糖吃。正确的吃法是先高温加热三至五分钟后再进食。

陈皮胡椒鱼

材料： 鲫鱼 1 条（中等大小），胡椒 3 克，陈皮 10 克，生姜 30 克，味精、食盐适量。

做法：

① 鲫鱼刮鳞去内脏后洗净备用。

② 陈皮、胡椒和生姜用干净的纱布包好，放入鲫鱼肚中。

③ 小火煨熟，加入味精、食盐调味即可食用。

用法用量：随量吃鱼喝汤。

功效：具有温中散寒，理气止痛的作用，适用于胃痛患者。

养生小语：用陈皮和鲫鱼煮汤，有温中散寒、补脾开胃的功效。适宜胃寒腹痛、食欲不振、消化不良、虚弱无力等症。

姜椒猪肚汤

材料：新鲜猪肚一个或者半个，生姜3片，白胡椒15克。

做法：

① 猪肚洗净，生姜去皮，白胡椒拍碎。

② 将生姜和白胡椒与适量清水一同放进猪肚内，用干净丝线扎紧猪肚上下口。

③ 将猪肚放进砂锅汤煲，中火煲一个半小时后调味。

用法用量：随量饮汤食猪肚。

功效：对于虚寒引起的胃痛疗效显著。

养生小语：生姜捣汁，用开水冲服，能有效治疗胃寒呕吐。

温馨提醒：

1. 胃寒者不宜食用的食品有猕猴桃、甘蔗、莼菜、西瓜、茭白、蚌肉、麦门冬、螺蛳、蟹、柿子、香蕉、苦瓜、梨、荸荠、甜瓜、绿豆、柿饼、

生番茄、竹笋、瓠子、生菜瓜、海带、生莴苣、生萝卜、生藕、生黄瓜、生地瓜、金银花、菊花、薄荷、鸭蛋、蛤蜊、卷心菜、蕺菜、地耳、豆腐、马兰头、冷茶以及各种冷饮、冰镇食品，性凉生冷的食品会使胃寒疼痛加剧。

2.胃寒者应多吃温热性的食品，以便暖胃驱寒，比如猪肚、老姜、红枣、胡椒、黑豆、栗子、南瓜、龙眼肉、糯米、香菜、葱等。

第十节

胃酸过多和过少的食疗方法

人体胃部消化和吸收食物需要一定量的胃酸，但是胃酸过多会造成胃及十二指肠的损害，甚至烧破黏膜和肌肉。胃酸过多的人如果进食较酸食物，食物中的酸性会刺激胃酸分泌，进而渗透到胃黏膜的破损部位，使肠胃受到刺激发生疼痛。而胃液分泌不足却会导致胃酸过少，致使胃部无力负担防腐制酵和消化食物的功能，容易导致消化不良等肠胃疾病。

1. 胃酸过多的药膳食疗方法

龙眼地黄鸡

材料：生地黄 250 克，红枣 5 枚，龙眼肉 30 克，饴糖 150 克，母鸡 1 只。

做法：

① 鸡去毛和内脏洗净，放入沸水锅中煮三分钟捞起。

② 将生地黄洗净后切成小块。

③ 龙眼肉撕碎，与生地黄混合均匀，掺入饴糖后一起塞入鸡腹内。

④ 将鸡腹部向下放入蒸碗中，红枣去核洗净，放在鸡身上，用武火蒸两小时即可。

用法用量： 每日一次，既可佐餐，又可单食。每次吃鸡肉 50 克为宜。

功效： 对于胃酸过多，身重乏力，食少，恶心呕吐患者食用尤佳。

养生小语： 饴糖性温，味甘。补虚损，健脾胃，润肺止咳。患有慢性牙病牙痛之人忌食。

连草参肉馄饨

材料： 瘦猪肉半斤，党参 20 克，素油 50 克，黄连和甘草各 5 克，红枣、生姜、干姜各 10 克，制半夏 15 克，面粉 500 克，盐 6 克，豆粉适量。

做法：

① 生姜、红枣和其他药材一起放入锅中旺火烧开，用慢火煎煮 15 分钟后滤渣留汁。

② 猪肉剁成泥，干姜切末，素油炼熟。用素油把豆粉、姜末和猪肉泥拌成馅待用。

③ 面粉用熬好的药汁揉成面团，擀成薄皮，包成馄饨，煮熟即成。

用法用量： 每天吃一次，每次吃 100 克。

功效： 适用于打嗝、胃胀和胃酸过多的症状。

养生小语：干姜与生姜的药性有比较大的差异。煎药时应先辨证，如用于止呕、解热、解毒，应放生姜；如用于温中回阳，则应放干姜。两者不可混用。

草连鸡肉汤

材料：红枣、生姜、料酒、干姜和制半夏各10克，甘草和黄连各5克，鸡肉500克，党参和葱各15克，盐各6克，胡椒粉3克。

做法：

① 将红枣、生姜、干姜、制半夏、甘草、黄连和党参洗净放入干净的布袋内扎口。

② 葱切成段，鸡肉洗净切成4厘米的块。

③ 将以上材料一同放入锅内，加料酒、胡椒粉和清水适量。

④ 旺火煮沸后，用文火炖40分钟，加入盐搅拌均匀即可食用。

用法用量：吃肉喝汤，每天吃一次，每次吃鸡肉50克。

功效：具有健脾胃和益气血的作用，能有效抑制胃酸过多。

养生小语：鸡汤特别是老母鸡汤向来以美味著称，"补虚"的功效也为人所知晓。鸡汤还可以发挥缓解感冒症状，提高人体免疫功能的作用。

夏草鲤鱼头

材料：鱼头1个（中等大小），人参、旋覆花和代赭石各15克，半夏和生姜各10克，制甘草5克，红枣3枚，味精、胡椒粉、料酒适量。

做法：

① 将前七味药材清洗干净，用干净纱布包好扎口。

② 放入锅内旺火煮沸，再用慢火煎煮 20 分钟，滤渣留汁待用。

③ 鱼头切成大块入锅，加上药液、料酒和胡椒粉。

④ 旺火开过后再用小火炖 20 分钟，加入味精调味即可食用。

用法用量： 每天吃一次，每次吃鱼头 50 克，喝汤。

功效： 具有健脾胃，补气益血的功效。能有效治疗胃酸过多。

养生小语： 鲤鱼各部位均可入药，鲤鱼皮可治疗鱼梗，鲤鱼血可治疗口眼歪斜，鲤鱼汤可治疗小孩身疮。

苁蓉羊骨汤

材料： 羊脊骨 1 具，瘦羊肉 500 克，胡桃肉 2 个，白米 100 克，菟丝子 10 克，肉苁蓉 20 克，怀山药 50 克，生姜 20 克，葱白 3 根，八角 3 克。

做法：

① 将羊脊骨砍成数节，和羊肉洗净后入沸水焯去血污腥腺，再用清水洗净。

② 葱白切段拍碎，白米淘洗干净，生姜拍碎。

③ 把怀山药、肉苁蓉、菟丝子、胡桃肉一起放入纱布中包好。

④ 将羊肉切条，与羊骨块和上述材料一起放入大锅中煮炖。

⑤ 旺火煮沸后放入料酒适量，再用文火继续炖至羊骨熟烂。

⑥ 用胡椒和食盐调味即可食用。

用法用量：吃肉喝汤，每天一次，每次吃羊肉 50 克。

功效：暖脾胃，益中气，对腰膝无力和胃酸过多有显著疗效。

养生小语："药补不如食补，美食莫若美汤。"美汤之中，又以骨汤为魁。骨汤因其营养丰富，汤质爽口，养胃补脾，健身怡情而闻名。

冰糖莲子

材料：冰糖 150 克，干莲子 300 克，碱 12 克，碗口大的猪网油 1 张，棉纸 1 张。

做法：

① 在铝锅内注入热水，加入碱置中火上，并放入莲子，待莲衣脱尽后，迅速离火。

② 用温水将莲子冲洗干净，切去两头，用牙签捅出莲心。

③ 将莲子放入蒸盆内，加适量清水，上笼用武火蒸一小时取出。

④ 在碗中铺上猪网油，将莲子整齐地排在网油上。

⑤ 冰糖捣碎，撒在上面，用绵纸封口，再入笼蒸烂莲子。

⑥ 倒出莲子加蜂蜜，蘸上汁即成。

用法用量：可佐餐也可单食，每日一次，每次吃莲子 50 克。

功效：对胃酸多、心烦失眠患者尤为有效。

养生小语：莲子心苦、寒、无毒，清心火，沟通心肾，治热渴心烦、吐血、心热淋浊、失眠等症，便溏者慎用。

温馨提醒：

胃酸过多患者的日常饮食护理。

（1）碱性食品能有效中和胃酸，所以胃酸过多者宜食含碱成分的食物。常见的碱性食品有香菇、胡萝卜、海带、绿豆、香蕉、西瓜、草莓、番茄、胡瓜、芜、马铃薯、高丽菜、芦笋、英豌豆、菇类、南瓜、莲藕、萝卜渍、豆腐、苹果、芹菜、竹笋、梨子、菠萝、樱桃、桃子、萝卜、无花果、菠菜、柑橘、葡萄、芋头、葡萄干、红豆、甘蓝菜、洋葱、萝卜干、黄豆、橘子、番瓜、蛋白、梅干、柠檬、茶叶（不宜过量，最好在早上喝）、葡萄酒、海带芽等。牛奶虽然也属于碱性食品，但是因为牛奶富含高蛋白，会刺激胃部增加胃部酸液的分泌，所以，胃酸过多者也不宜多吃。

（2）胃酸过多者不宜食用酸性食品。富含动物蛋白和高脂肪食品都属于酸性食品，比如猪肉、羊肉、牛肉、鸡肉、鱼肉等。除此之外，还有蛋黄、柿子、白米、花生、啤酒、油炸豆腐、海苔、文蛤、章鱼、泥鳅等都属于酸性食品。

2. 胃酸过少的药膳食疗方法

马齿苋粥

材料：干马齿苋 30 克（新鲜马齿苋加倍），粳米 60 克，白糖 20 克。

做法：

① 干马齿苋清水浸泡洗净切段。

② 粳米放入锅内加适量清水，旺火煮沸后改用小火慢炖半个小时。

③ 放入马齿苋再煮十分钟，加入白糖搅匀即可食用。

用法用量： 每天食用一次，每次吃 60 克。

功效： 具有清热养胃和止痢的作用，能有效抑制胃酸过少。

养生小语： 马齿苋是罕见的天然高钾食物，进食马齿苋可保持血钾和细胞内的钾处于正常水平。

粳米甜奶

材料： 粳米 60 克，鲜奶 250 克，白糖 20 克。

做法： 用适量清水将粳米煮粥，加入牛奶和白糖。

用法用量： 每天食用一次，每次吃粥 60 克。

功效： 有补虚损，益五脏的作用，对胃酸过少和便秘症状有良好疗效。

养生小语： 牛奶倒进杯子、茶壶等容器，如没有喝完，应盖好盖子放回冰箱，切不可倒回原来的瓶子。

甘蔗马蹄汁

材料： 甘蔗汁 1 杯，马蹄 7 个。

做法： 马蹄洗净榨汁，甘蔗汁和马蹄汁搅匀即可服用。

用法用量：每天一次，每次一杯。

功效：具有清热解暑，生津止渴的功效，适用于胃酸少、口干舌燥好烦热的患者服用。

养生小语：甘蔗含丰富的B族维生素和氨基酸，具有滋养、解热、生津等功效。对于胃热口苦、肺热咳嗽、应酬频繁、烟酒过多的人，常喝甘蔗汁很有帮助。

麦地鲜藕汁

材料：麦冬10克，生地黄15克，鲜藕200克。

做法：

① 麦冬和生地黄加水250克，旺火烧开，转用小火慢炖20分钟，滤渣取汁。

② 鲜藕洗净切片加水适量煎汁，大火烧开，小火慢煮半个小时即可。

③ 将两种汁液混合即可饮用。

用法用量：每天喝一次，每次250克。

功效：生津，润燥，止渴，止呕，适合于胃酸少和反胃爱吐患者服用。

养生小语：将鲜藕捣烂取汁饮服，对消除醉酒症状有一定的作用。

第十一节

胃胀的食疗方法

消化不良和胃炎等胃部疾病，以及情绪紧张和生活压力过大都可能引起胃胀。胃胀指的是胃脘鼓胀，表现症状为打嗝、坐卧不安和不思饮食，同时还会出现恶心呕吐和胃部疼痛的症状。如果胃胀反复发作，就会诱发胃炎、胃溃疡等肠胃疾病，甚至发展成胃癌。所以，对于胃胀不能掉以轻心。

治疗胃胀的常用药膳食疗方法如下。

木瓜鲩鱼尾汤

材料： 番木瓜 1 个，鲩鱼尾 100 克。

做法：

① 木瓜削皮切块备用。

② 鲩鱼尾入油煎片刻，加木瓜及生姜片少许，放适量水，共煮一小时左右即可。

用法用量： 随量食用。

功效： 滋养、消食。对食积不化、胸腹胀满有辅助疗效。

养生小语：番木瓜的木瓜蛋白酶，有助于食物的消化和吸收，对消化不良有疗效。鲩鱼，味甘，性温。功能暖胃和中、消食化滞。两者搭配有利于消除胃胀。

紫苏梅汁

材料：开水 200 毫升，紫苏梅汁 10 毫升。

做法：调和均匀即可。

用法用量：饮服，随量。

功效：有效排除胃胀气。

养生小语：紫苏汁液可供糕点、梅酱等食品染色之用，是天然健康的色素材料。

黄芪内金粥

材料：糯米 80 克，生黄芪 12 克，生薏仁、红豆各 10 克，鸡内金粉 7 克。

做法：

① 将生黄芪加水煮 20 分钟，取汁。

② 放入糯米、薏仁、红豆煮成粥，加入鸡内金粉即可。

用法用量：随量食用。

功效：消食和胃，用于脾虚湿滞食停所致的脘腹胀闷。

养生小语：黄芪能补气固表，敛疮生肌。薏仁能健脾渗湿，除痹止泻。

红豆能利湿退黄，清热解毒。鸡内金能消食健脾，使胃液分泌量及酸度增加，胃的运动机能增加，排空加速。糯米能补中益气。

麦芽绿茶

材料： 绿茶 1 包，麦芽 10 克。

做法： 上述材料一同加适量水煎汁，五分钟后滤渣取汁。

用法用量： 随量饮用。

功效： 促进肠胃消化，减少胃胀。

养生小语： 患有消化道溃疡的人不宜多喝。

猴头菇鸡

材料： 母鸡 1 只（750 克大小），猴头菇 100 克，红枣、党参和黄芪各 10 克，葱、姜、绍兴酒和淀粉各适量。

做法：

① 母鸡去毛去内脏去鸡爪洗净，倒入开水焯去血污后切成块。

② 猴头菇洗净去蒂，挤去多余水分切片。

③ 鸡块放入炖盅内，加入姜片、葱结、绍兴酒、高汤。

④ 上放猴头菇片和浸软洗净的黄芪、党参、红枣。

⑤ 用文火慢慢炖，肉熟烂后调味即成。

用法用量： 随量食用。

功效： 具有补气健脾养胃的作用，对于胃胀有很好疗效。

养生小语： 霉烂变质的猴头菇不可食用，以防中毒。

烹饪指导： 干猴头菇适宜用水泡发而不宜用醋泡发，泡发时先将猴头菇洗净，然后放在冷水中浸泡一会儿，再加沸水入蒸笼蒸或入锅焖煮。

金橘谷芽液

材料：金橘或者橘饼

2～3个，炒谷芽15克，

红糖适量。

做法：

① 炒谷芽在200毫升

冷水中浸泡片刻，十余分钟

后放入金橘。

② 煮五分钟后，将药汁滤出，再加200毫升水煎汁后滤渣。

③ 将两次药汁倒在一起搅匀加入适量红糖。

用法用量：可以当茶随量饮用，此药膳任何人可以食用。

功效：具有消除胃胀气的良好功效。

养生小语：吃金橘前后一小时不可喝牛奶，因牛奶中的蛋白质遇到金橘中的果酸会凝固，不易被肠胃消化吸收，会腹胀难过。

槟榔粥

材料：槟榔12克，粳米60克，白糖或者食盐适量。

做法：

① 槟榔洗净后用水煎汁，滤去药渣。

② 粳米用槟榔汁小火熬成粥，根据口味加少许白糖或者食盐即可食用。

用法用量： 一天一次随量食用。

功效： 有效治疗胃胀气。

养生小语： 槟榔属耗气之品不宜久服。素体亏虚，脾胃虚弱者不宜服用。

山药蜂蜜煎

材料： 山药 30 克，鸡内金 9 克，蜂蜜 15 克。

做法： 山药、鸡内金水煎取汁，调入蜂蜜搅匀。

用法用量： 每日一剂，分两次温服。

功效： 健脾消食。用于脾胃虚弱，运化不健之食积不化、食欲不振等。

养生小语： 山药能健脾补肺，用于消化不良。山药所含消化酶，能促进蛋白质和淀粉的分解，故有增进食欲的作用。蜂蜜能补中益气，润肠通便。三者搭配可以有效治疗胃胀。

白果腐竹山药粥

材料： 粳米 60 克，白果仁 15 克，腐竹皮 1 张，山药 30 克。

做法： 将粳米洗净，白果仁用净水浸泡片刻，山药去皮，腐竹泡软。将以上材料入锅煮熟即可。

用法用量： 随量食用，可常食。

功效： 有效治疗胃胀。

养生小语： 白果仁生食有毒。

温馨提醒：

胃胀气患者的日常饮食护理。

（1）因为消化不良而导致的胃胀气，可适量服用嗜酸菌。药用炭也是抑制胃胀气的佳品，如果感到不适可以吃五六粒木炭粒。木炭不要每天食用，因为木炭有较强的吸收能力，会将人体肠胃的营养物质吸走。

（2）食物搭配不当容易影响胃肠消化，导致胃胀气的产生。淀粉和蛋白质不要相互搭配食用，水果和蔬菜也不要互相搭配，蛋白质、糖分和淀粉不要混合食用，吃饭时不宜同时喝牛奶，减少乳制品的食用量。

（3）容易引起胃胀气的食品有甘蓝菜、豆类制品、洋葱、白萝卜、绿花椰菜、白花椰菜、香蕉和全麦面粉等，胃胀患者不宜食用。高纤维食品有益于身体健康，但胃胀气患者不宜食用。

（4）养成细嚼慢咽的饮食习惯，咀嚼食品时张嘴过大或一边吃饭一边说话都会引发胃胀气。

第十二节

胃下垂的药膳调理

传统中医学认为胃下垂是因为思虑伤脾，气虚下陷所致。表现的症状为腹部鼓胀、形体消瘦、打嗝、恶心、上腹部无规律性疼痛等。

胃下垂的饮食药膳疗法如下。

芪陈猪肚汤

材料： 猪肚 1 个，黄芪 200 克，陈皮 30 克。

做法：

① 猪肚清洗干净，倒入开水焯去腥臊血污。

② 将陈皮和黄芪用干净纱布包好放入猪肚中，用干净丝线扎紧。

③ 文火炖至猪肚熟，加适量调味料即可。

用法用量： 趁热食用，吃肉喝汤。一天两次，共分四次吃完。十天（五个猪肚）为一个疗程。

功效： 具有补中气，健脾胃，行气滞，止疼痛的良好功效，适合胃下垂患者食用。

养生小语： 在中医学界，黄芪被认为是最好的滋补药品，能有效益气升阳，对于各种脏器下垂都有疗效。

粳米猪脾

材料：猪脾 2 个，粳米 100 克，红枣 10 枚，食油、白糖适量调味。

做法：

① 猪脾清洗干净切片，粳米淘洗干净，红枣清水浸泡洗净。

② 将猪脾在锅中微炒，加入粳米和红枣，加适量水煮粥，根据口味加适量白糖调味。

用法用量：每天一次空腹服食，15 天为一个疗程。

功效：对于治疗胃下垂具有良好的疗效。

养生小语：猪脾具有强健脾胃，帮助消化的作用。红枣具有和胃养脾，益气安中的功效。粳米则能有效补胃气，充胃津。

莲子猪肚粥

材料：猪肚 1 个，糯米 100 克，莲子、山药各 50 克。

做法：猪肚切碎，山药和莲子捣碎，连同糯米一起加水文火煮粥。

用法用量：每天早晚各服用一次，隔一天服用一剂，十天为一疗程。

功效：对于治疗胃下垂具有很好功效。

养生小语：在中医界，猪肚具有"补脾胃之要品"的美称。山药、莲子和糯米具有补中益气、滋阴养胃的作用。

鸡蛋龙眼蒸

材料：鸡蛋1个，龙眼肉10粒。

做法：

① 鸡蛋打入碗内（不要搅动）隔水蒸两三分钟，直到蛋黄未熟，蛋白凝固。

② 放入龙眼肉，再蒸十分钟即可食用。

用法用量：每天吃一次。

功效：多吃可补益心脾，治疗胃下垂。

养生小语：鸡蛋蒸主要含的是蛋白质，缺少碳水化合物，最好用面食来搭配食用。

龙眼黄芪猪肚汤

材料：猪肚1个，砂仁5克，龙眼肉和黄芪各30克。

做法：

① 猪肚洗净，倒入开水焯去血污和腥膜。

② 砂仁、龙眼肉、黄芪和猪肚一同放入砂锅内煮至熟烂，调味料调味即可食用。

用法用量：吃肉喝汤。两三天服用一剂。

功效：具有补中益气、养血安神的良好功效，能有效治疗胃下垂。

养生小语：若胎气不足，或屡患半产以及娩后虚羸者，用猪肚煨煮熟烂如糜，频频服食，最为适宜。若同火腿一并煨食，尤补。

荷叶莲子汤

材料：新鲜荷叶蒂 4 张，莲子 60 克，白糖 1 勺。

做法：

① 荷叶蒂洗净切块，莲子在开水中浸泡一个小时后，剥去外衣去掉莲芯。

② 将荷叶蒂和莲子一同倒入锅内，加冷水两大碗，文火炖两个小时。

③ 加入白糖，再稍炖片刻即可食用。

用法用量：随量食用。

功效：具有补心益脾，健胃消食的作用，能有效治疗胃下垂。

养生小语：当点心吃，不宜常吃。

公丁砂仁童子鸡

材料：童子鸡 1 只（中等大小），公丁、砂仁和干姜各 3 克。

做法：

① 童子鸡去毛，保留心肝肺，洗净，倒入开水焯去血污，切成小块待用。

② 公丁、砂仁和干姜研成碎末。

③ 鸡块放入砂锅中炖烂，将三味药末放进鸡汤内即可。

用法用量：吃肉喝汤，每天吃两次，每三天吃一只鸡。

功效：具有补中益气、升阳举陷的作用，对于胃下垂患者有明显的治疗作用。一到五只鸡可以见效。

养生小语：童子鸡的鸡肉占体重的 60% 左右，鸡肉的主要成分是蛋白质，所以仔鸡的肉营养价值高。

蚕蛹核桃炖

材料：核桃肉 100 ～ 150 克，蚕蛹 50 克。

做法：将蚕蛹略微炒制。核桃肉、蚕蛹一起隔水炖煮即可。

用法用量：佐餐服用。

功效：对于中气不足所致的胃下垂有明显疗效。

养生小语：蚕蛹不新鲜、变色发黑、呈粉红色、有麻味或麻辣感的不可食用。

黄参母鸡汤

材料：母鸡肉 500 克，黄芪 30 克，红参 12 克。

做法：将上述材料放入碗内，隔水炖两个小时。

用法用量：早晚两次，吃肉喝汤。每星期服用一剂，连续服用五六剂。

功效：对胃下垂有显著疗效。

养生小语：老年人不要盲目喝老母鸡汤进补，每次最好不要超过 200 毫升，一周不要超过两次。

芡实兔肉汤

材料：兔子肉 250 克，升麻和芡实各 15 克，黄芪 30 克，姜丝、葱花、料酒和食盐各适量。

做法：

① 兔肉洗净，倒入开水焯去血污。

② 将上述中药装入袋中放锅内煮沸，文火煮 20 分钟去掉药渣。

③ 兔肉切块放进汤中，加姜丝、葱花、料酒和食盐焖酥即可食用。

用法用量：喝汤吃肉，适合长期服用。

功效：对胃下垂有治疗作用。

养生小语：兔肉富含大脑和其他器官发育不可缺少的卵磷脂，有健脑益智的功效。兔肉性凉，宜在夏季食用。

温馨提醒：

胃下垂患者的饮食禁忌。

（1）不要吃粗糙坚硬的食品，比如瓜子、花生、胡桃肉、油炸饼、炸猪排、炸鹌鹑和烤羊肉等，以免加重胃部疼痛，而且这类食品也不易消化。

（2）不吃或者少吃过热、过冷的食品。

（3）不要吃容易引起胀气的食物，比如豆类、白薯等，以免引起胃扩张加重疼痛。

第十三节

胃溃疡和十二指肠溃疡的药膳调理

1. 胃溃疡的药膳食疗方法

作为消化系统的常见疾病，胃溃疡典型表现为胃饱胀打嗝、反酸和饥饿不适或餐后定时的慢性中上腹疼痛，症状严重者，还可能出现呕吐和黑便。

白米桃仁猪肚汤

材料： 熟猪肚片和白米各 50 克，去皮尖的桃仁和生地各 10 克，食盐、味精适量。

做法：

① 将猪肚切碎。桃仁和生地煎汁滤渣。

② 将猪肚和白米放在药汁中煮粥，快要熟的时候加入食盐和味精调味即可。

用法用量： 每天服用一剂。

功效： 益气活血和化瘀止痛，适合胃溃疡患者食用。

养生小语：猪肚适宜中气不足、气虚下陷、男子遗精、女子带下者食用。

木瓜醋枣粥

材料：木瓜500克，食醋50毫升，红枣30枚，生姜30克。

做法：将木瓜切碎，连同生姜、食醋和红枣一起放入砂锅文火炖熟。

用法用量：每天服用一剂，每天分三次服用，连服三四剂。

功效：具有健脾化瘀的作用，适用于十二指肠溃疡等症。

养生小语：治病多采用宣木瓜，也就是北方木瓜，不宜鲜食。食用木瓜是产于南方的番木瓜，可以生吃，也可作为蔬菜和肉类一起炖煮。

三七鸡蛋羹

材料：鸡蛋1个，三七粉3克，蜂蜜适量。

做法：鸡蛋打破和三七粉一起搅匀，隔水炖熟后，加入蜂蜜调匀即可服食。

用法用量：随量随次食用。

功效：具有和胃健脾、疏肝理气的功效，对于胃溃疡引起的呕吐恶心、胃胀打嗝和上腹疼痛有明显疗效。

养生小语：茶叶蛋应少吃，因为茶叶中含酸化物质，与鸡蛋中的铁元素结合会对胃起刺激作用，影响胃肠的消化功能。

佛手山药粥

材料：佛手10克，山药、白扁豆和薏仁各30克，猪肚汤及食盐适量。

做法：

① 佛手煎汁去渣留汁。

② 将扁豆、薏仁、山药、猪肚汤和佛手药汁混合在一起煮成稀粥。

③ 粥熟放食盐调味即可服用。

用法用量：每天服用，每日一剂。

功效：具有泄热和胃的功效，适合胃溃疡患者食用。

养生小语：皮肤赘疣、粗糙不光滑者，长期服用薏仁有疗效。

仙人牛肉片

材料：牛肉100克，仙人掌50克，食油、精盐、味精和麻油各适量。

做法：

① 牛肉洗净切片。仙人掌去皮、去刺洗净，切成细丝。

② 将牛肉和仙人掌一起在热油锅中炒熟，调味即可食用。

用法用量：随量随次食用。

功效：具有行气止痛和活血化瘀的功效，对于胃溃疡引发的胃部疼痛有明显疗效。

养生小语：野生的和供观赏的仙人掌不要随便吃，它们含有一定量的毒素和麻醉剂，不但没有食疗功效，反而会导致神经麻痹。

香附良姜粥

材料：香附和良姜各 9 克，粳米 100 克。

做法：香附和良姜用水煎汁，滤渣取汁，加入适量清水和粳米一起煮成粥。

用法用量：每天分两次服用。

功效：对寒邪犯胃之胃溃疡患者尤佳。

养生小语：粳米粥味甘性平，能补脾、养胃、除烦，尤其是烦热、口渴的热性者病患者更宜食用。

丁香肉桂鸡

材料：公鸡 1 只（中等大小），生姜 6 克，荜茇、丁香、砂仁、肉桂、良姜、大茴香、橘皮、川椒各 3 克，酱油、食盐、胡椒粉和葱各适量。

做法：

① 将公鸡去毛去鸡皮和内脏，清洗干净后切块，放入沸水中焯去血污。

② 放入生姜和上述药材，加入酱油、食盐和葱煮熟炖烂，撒上胡椒粉即可食用。

用法用量：随量吃肉喝汤。

功效：适用于胃寒以及胃溃疡患者。

养生小语：鸡皮和鸡肉之间有一层薄膜，在保持肉质水分的同时也防止脂肪的外溢。所以，在烹制后去皮才是正确的。

佛手枳橘粥

材料：粳米 100 克，佛手、枳壳和橘皮各 6 克，砂仁 3 克。

做法：将上述中药材煎汁去渣，加粳米和适量清水一同煮粥。

用法用量：每天分两次服用。

功效：适合胃溃疡患者的调理治疗。

养生小语：粳米做成粥更易于消化和吸收，但制作米粥时千万不要放碱，因为米是人体维生素 B_1 的重要来源，碱能破坏米中的维生素 B_1，会导致 B_1 缺乏出现"脚气病"。

玫瑰佛橘茶

材料：玫瑰花 3 克，佛手和橘皮各 9 克。

做法：佛手和橘皮洗净后切成细丝，和玫瑰花一起用开水冲泡后代茶饮。

用法用量：随量饮用，当茶喝。

功效：适用于胃溃疡患者。

养生小语：取 4～5 朵玫瑰花放入杯中，花浮于水面，其汤色清淡，香气高雅，是美容保健的理想饮品。

2. 十二指肠溃疡的药膳食疗方法

十二直肠溃疡是消化系统的常见病，多在吃饭后三四个小时出现疼痛，一般会持续到下次吃饭前，吃饭后疼痛可以得到缓解。除此之外，还表现为打嗝、恶心呕吐以及反酸等。工作压力过大，疲劳过度和精神紧张以及饮食不当，都可能诱发十二指肠溃疡病症的产生。

木瓜醋枣汤

材料：木瓜 500 克，食醋 50 毫升，红枣 30 枚，生姜 30 克。

做法：将木瓜切碎，连同生姜、食醋和红枣一起放入砂锅文火炖熟。

用法用量：每天服用一剂，每天分三次服用，连服三四剂。

功效：具有健脾化瘀的作用，适用于十二指肠溃疡等症。

养生小语：木瓜中含有一种酵素，能消化蛋白质，有利于人体对食物进行消化和吸收，故有健脾消食之功。

菜米粥

材料：包心菜 500 克，粳米 50 克。

做法：包心菜煮 30 分钟捞出，粳米放入菜汁中煮粥。

用法用量：温热食用，每天吃两次。

功效：具有缓急止痛的功效，适合胃溃疡、十二指肠溃疡患者食用。

养生小语：包心菜中含有维生素 U 样因子，比人工合成的维生素 U 的效果要好，能促进胃溃疡、十二指肠溃疡的愈合，新鲜菜汁对胃病有治疗作用。

马铃薯糖膏

材料：鲜马铃薯 1 千克，蜂蜜适量。

做法：

① 马铃薯洗净后切碎绞汁，滤渣取汁。

② 马铃薯汁在锅中大火烧沸后改用小火煎熬，变稠时加入比马铃薯汁液多一倍的蜂蜜。

③ 熬成膏状停火，冷却后装瓶。

用法用量：每天吃两次，每次吃一汤匙，20 天为一个疗程。

功效：具有和胃调中的功效，适用胃溃疡、十二指肠溃疡等症。

第十四节

胃癌的食疗方法

现代医学对胃癌的治愈率是很高的，胃癌患者要保持信心战胜病魔。同时，早期诊断更是治疗胃癌的关键。胃癌患者可用以下药膳食疗方法来调理。

元慈蜜粉

材料：元胡和山慈姑各 30 克，蜂蜜 60 克。

做法：

① 将元胡和山慈姑拣去杂质，清洗干净。

② 烘干或者晒干后一起研成细末，装在瓶子中备用。

③ 取元胡和山慈姑细末和蜂蜜搅拌均匀即成。

用法用量：用温开水随量随次送服。

功效：具有抗癌止痛和清胃活血的功效，适合胃癌患者、胃热引起的胃脘灼热患者服用。

养生小语：山慈姑有清热解毒，消痈散结之功，有小毒，用量不宜过大。

苦瓜四香粉

材料： 苦瓜 100 克，香附和木香各 10 克，丁香 6 克，沉香 2 克。

做法：

① 苦瓜清洗干净，将外皮、瓜瓤和瓜子切碎，烘干或者晾干，研磨成粉末备用。

② 将香附、木香、丁香和沉香除去杂质。

③ 香附和木香清洗干净烘干或者晾干，与晾干的丁香和沉香一起研磨成细粉末，和苦瓜粉搅拌均匀，装成等量三包。

用法用量： 每次服用一包，每天服用三次，用温开水送服。

功效： 具有抗癌止痛和行气清胃的作用，适合胃癌患者服用。

养生小语： 苦瓜熟食性温，生食性寒，因此脾虚胃寒者不应生吃。此外，孕妇应慎食。

红糖煮豆腐

材料： 豆腐 100 克，红糖 60 克。

做法： 豆腐切块。用一碗清水将红糖冲开搅拌均匀，加入豆腐煮十分钟后即成。

用法用量： 随量食用。

功效： 此法经常服用具有和胃止血的作用，适用于胃癌患者。

养生小语： 豆腐性偏寒，胃寒者和易腹泻、腹胀、脾虚者以及常出现遗精的肾亏者不宜多食。

乌贼骨肉粥

材料：瘦猪肉 50 克，乌贼骨 12 克，陈皮 9 克，粳米适量。

做法：

① 将乌贼骨和陈皮连同粳米一同煮粥。

② 粳米粥熟后，去掉乌贼骨和陈皮，加入瘦肉片再煮，放食盐少许调味即可食用。

用法用量：随量食用。

功效：适合胃癌腹胀患者食用。

养生小语：糯米粥有益气和中的作用，尤其对脾胃虚寒、腹泻水肿者更有利。高粱米粥（秫米）、黄米粥（黍米）也有同样的功效。

芝麻甜米粥

材料：粳米 30 克，蜂蜜适量，芝麻 6 克。

做法：芝麻炒香。粳米煮粥即将煮熟时，加入芝麻和蜂蜜，搅拌均匀后即可食用。

用法用量：随量食用。

功效：适合胃癌便秘者服用。

养生小语：煮粥时加入芝麻，能养肺润肠，平肝息风，最适用于老年人。

龙枣花生粥

材料： 龙眼肉 12 克，红枣 5 枚，花生米 500 克。

做法： 红枣去核，与其他材料一起加水煮食。

用法用量： 每天服用一次。

功效： 适合胃癌贫血者服用。

注意事项： 花生米要保留外面的红皮。

养生小语： 熬粥时加红枣，能养脾益胃，安神镇静。

鱼肚香油粉

材料： 鱼肚和芝麻油各适量。

做法： 芝麻油将鱼肚炸酥后研成碎末。

用法用量： 每天服用三次，每次服用 10 克，用温开水送服。

功效： 适合胃癌患者服用。

养生小语： 鱼肚配菠菜，补血止血，对孕期贫血和牙龈出血有预防性食疗作用，同时对便秘和痔疮也有作用。

草药鲤鱼汤

材料： 鲤鱼 250 克，半夏、柴胡、旋复花、郁金、甘草、积壳各 10 克，食盐、麻油、味精适量。

做法：

① 将鲜鲤鱼去鳞去腮去内脏，洗净后切成 3 厘米的小块。

② 将上述中药用纱布包好和鲤鱼一同炖。

③ 起锅后加入食盐、麻油和味精调味。

用法用量：吃肉喝汤，每天吃一两次。

功效：对胃癌有辅助疗效。

养生小语：患有淋巴结核、支气管哮喘、恶性肿瘤、荨麻疹、皮肤湿疹等疾病者要忌食鲤鱼。

茯苓肉包

材料：面粉200克，瘦猪肉100克，茯苓粉10克。

做法：面粉发好，猪肉剁馅和茯苓粉搅拌均匀，连同面粉一起做成发面包子。

用法用量：随量食用。

功效：具有健脾开胃的功效，适合胃癌患者食用。

养生小语：茯苓，味甘性平，且有益脾安神、利水渗湿的功效。以松仁、桃仁、桂花、蜜糖为主要材料，配以适量茯苓粉，再用上等淀粉摊烙成外皮，精工细作制成夹心薄饼，既美味又养生。

三七大蒜鱼

材料：鳝鱼1条（500克左右），大蒜30克，三七末15克，生姜适量。

做法：

① 大蒜去掉外皮拍碎。

② 将鳝鱼和蒜头、姜片放入油锅爆炒，再加入适量清水，放入三七末，盖好用文火慢炖一个小时。

③ 水快要炖干的时候加入调味料即可食用。不用油锅爆炒直接炖煮也可。

用法用量：随量吃肉喝汤。

功效：健脾暖胃、止痛。比较适合胃癌和胰腺癌患者食用，能有效消除癌症导致的疼痛。

养生小语：鳝鱼特含降低血糖和调节血糖的"鳝鱼素"，且所含脂肪极少是糖尿病患者的理想食品。

豆芽炒肉

材料：瘦猪肉150克，豆芽250克，大葱1根，食用油和蚝油适量。

做法：

① 瘦猪肉洗净切碎，豆芽去豆壳和豆芽根，倒入开水焯一下捞出来，大葱切成葱花。

② 猪肉放入油锅炒熟，放入豆芽、葱花、蚝油和少量食盐，炒熟即可食用。

用法用量：随量食用。

功效：健脾补中和滋阴润燥，对于胃癌体虚患者有明显疗效。胃癌患者化疗后咽干口燥和食欲不佳者，适宜食用此药膳。

养生小语：豆芽中含有一种干扰素生剂，能诱生干扰素，增加体内抗生素，增加体内抗病毒、抗癌肿的能力。

 温馨提醒：

胃癌患者的日常饮食护理。

（1）胃癌患者要保持战胜病魔的信心和乐观情绪，注意天气和气候变化，保持良好的生活起居习惯。多吃容易消化的食品，不要吃刺激性和油腻的食品。

（2）胃癌患者手术后，要多吃高蛋白、高脂肪和低碳水化合物的食品，养成少量多餐的习惯，吃饭时避免食用流质或液体食物，吃饭后要在床上平躺半个小时。如果同时有低血糖症状，要少量多餐，多吃高蛋白、高脂肪和低碳水化合物的食品，远离甜食，不要吃过热的流质食品。

（3）药物发生作用的高峰期要尽量避免进食。化疗期间尽量多吃富含蛋白质、维生素和充足热能的食品。适合胃癌患者进食的食品有山药、桂圆、莲子、木耳、香菇、百合、冰糖、藕、豆腐、蜂蜜、绿豆、鸭、甲鱼、蚌肉，牛乳、薏仁、红枣、糯米等。

（4）多喝酸奶，坚持每天早晚饮用一杯。酸奶中的乳酸菌，对于胃肠中致病微生物的繁殖生长有很好的抑制作用。所以多喝酸奶能减少发病机会，能有效抑制肿瘤的生长。

第六章

肝胆疾病的中医食疗菜单

第一节

病毒性肝炎的食疗方法

茵陈粳米粥

材料：粳米 50 ～ 100 克，茵陈 30 ～ 60 克，白糖适量。

做法：

① 粳米淘洗干净，茵陈洗净煎汁去渣，加入粳米和适量清水煮粥。

② 起锅时加入白糖调匀，再煮一两分钟即可食用。

用法用量：每天服用两三次，七到十天为一个疗程。

功效：具有清利湿热、退黄疸的良好效果，适用于急性传染性黄疸型肝炎。

养生小语：茵陈性微寒，味辛、苦，用于湿热熏蒸而发生黄疸的病症。可单用一味大剂量煎汤内服，亦可配合大黄、栀子等同用。除用于湿热黄疸之外，对于因受寒湿或素体阳虚发生的阴黄病症也可应用。但须配合温中祛寒之品如附子、干姜等药同用，以祛除阴寒而退黄疸的作用。

田基黄鸡蛋汤

材料：鲜田基黄 120 克（干品 30 ～ 60 克），鲜鸡蛋 1 个。

做法：蛋熟后去壳再煎 20 分钟，与田基黄一起煲汤食用。

用法用量：喝汤吃蛋。

功效：适合急、慢性肝炎患者食用。

养生小语：田基黄性微寒，味辛、苦。对急性黄疸型和非黄疸型肝炎、迁延性和慢性肝炎等疾患均有较显著疗效。

烹饪指导：选择田基黄以黄绿色、带花者为佳。

泥鳅粉

材料：泥鳅 1 条。

做法：将泥鳅洗净后烘干，研成碎末。

用法用量：饭后服用适量。

功效：适合慢性肝炎患者食用。

养生小语：泥鳅性平、味甘，阴虚火盛者忌食。螃蟹与泥鳅相克，不宜同吃。毛蟹与泥鳅相克，同食会引起中毒。

烹饪指导：将买来的泥鳅用清水漂一下，放在装有少量水的塑料袋中扎紧口，放在冰箱中冷冻，这时泥鳅呈冬眠状态并没有死。烧制时取出泥鳅，倒在一个冷水盆内，待冰块化冻时，泥鳅就会复活，这样有利于保鲜。

枸杞当归煲鹌鹑蛋

材料：枸杞 30 克，当归 30 克，鹌鹑蛋 10 颗。

做法：

① 将当归洗净，切片。

② 与拣净的枸杞、鹌鹑蛋同入砂锅，加适量水，煨煮 30 分钟。

③ 取出鹌鹑蛋，去壳后再回入锅中，小火同煨煲十分钟，即成。

用法用量：早晚两次分服，当日吃完。

功效：本食疗方对肝阴不足型病毒性肝炎尤为适宜。

养生小语：枸杞味甘、性平，外邪实热，脾虚有湿及泄泻者忌服。用枸杞泡水或煲汤，只饮汤水并不能完全吸收，因为受水温、浸泡时间等因素影响，只有部分药用成分能释放到汤水中。为了更好地发挥效果，最好将汤里的枸杞也一起吃掉。

首乌枸杞肝片

材料：何首乌 20 克，枸杞 20 克，猪肝 100 克，调味料若干。

做法：

① 先将何首乌、枸杞洗净，放入砂锅，加水浸泡片刻，浓煎两次，每次 40 分钟。

② 合并两次煎液，回入砂锅，小火浓缩成 50 毫升。

③ 配以水发木耳、嫩青菜、葱花、蒜片，加适量料酒、酱油等调味料。

④ 将猪肝切片溜炒成首乌枸杞肝片。

用法用量：佐餐当菜，随意服食，当日吃完。

功效：本食疗方对肝阴不足型病毒性肝炎尤为适宜。

养生小语：猪肝味甘、苦，性温，有补肝、明目、养血的功效。猪肝忌与鱼肉、雀肉、荞麦、花椰菜、黄豆、豆腐、鹌鹑肉、野鸡同食。

不宜与豆芽、辣椒、毛豆、山楂等富含维生素C的食物同食。

金针肉汤

材料：金针和瘦猪肉适量。

做法：金针洗净切段，猪肉洗净开水焯去血污切块，将金针和猪肉一起加水煮炖。

用法用量：喝汤吃肉吃金针，每日两次。

功效：适合急性传染性肝炎患者食用。

养生小语：金针性平、味甘、微苦，是近于湿热的食物，溃疡损伤、胃肠不和的人少吃为好，平素痰多，尤其是哮喘病患者不宜食用。

烹饪指导：金针的食用部位是其花蕾，以洁净、鲜嫩、不蔫、不干、芯尚未开放，无杂物者质优。

萝卜炖鸡肫

材料：鲜鸡肫1个，萝卜1个，陈皮1片，生姜2片。

做法：将鲜鸡胗洗净，用开水焯去血污，萝卜切成片，一起放入砂锅中，用小火炖至熟烂。

用法用量：吃肉喝汤吃药渣，随量食用。

功效：适合慢性肝炎患者食用。

养生小语：鸡肫味甘平、性涩、无毒，有消食导滞，助消化的作用。

芝麻陈皮鸡

材料：母鸡1只，黑芝麻、陈皮丝适量。

做法：

① 母鸡去毛去内脏洗净。

② 黑芝麻和陈皮丝用纱布包好，放入鸡肚内。

③ 将鸡放入砂锅一起炖至熟烂。

用法用量：随量食用。

功效：适合慢性肝炎患者食用。

养生小语：陈皮性温，味苦、辛。并非人人都可以用陈皮泡水喝，有发烧、口干、便秘、尿黄等症状者不宜饮用陈皮水。

豆腐银耳鲜菇汤

材料：银耳50克，豆腐250克，鲜蘑菇50克，食油、味精、酱油、香油和食盐各适量。

做法：

① 银耳泡发洗净，豆腐切块，蘑菇洗净削去根部黑污。

② 将豆腐煎至微黄，加适量清水，放入银耳和蘑菇，小火焖透。

③ 放入味精、酱油、香油和食盐调味，勾芡，煮沸后即可食用。

用法用量：随量食用。

功效：适合慢性肝炎引起的食欲不振、咽干口干、体倦乏力、大便干燥等症状。

养生小语：蘑菇味甘、性凉，主治精神不振、食欲大减、痰核凝聚、上呕下泻、尿浊不禁等症。但蘑菇性滑，便泻者慎食。

烹饪指导：蘑菇表面有黏液，泥沙黏在上面，不易洗净。可以在水里先放点食盐搅拌使其溶解，然后将蘑菇放在水里泡一会再洗，这样泥沙就很容易洗掉。另外，洗蘑菇之前一定要把菌柄底部带着较多沙土的硬蒂去掉，因为这个部位即使用盐水泡过也不易洗净。

第二节

乙肝患者的食疗方法

参杞炖羊肉

材料： 羊肉 150 克，党参和枸杞各 15 克，当归 10 克，生姜 10 克，红枣 10 个。

做法：

① 将羊肉用开水焯去血污切成小块，生姜洗净拍碎，红枣温水浸泡后洗净。

② 连同党参、枸杞、当归一起放进锅中，加适量清水文火炖煮三个小时。

③ 加入食盐等调味即可食用。

用法用量： 随量食用，吃肉喝汤。

功效： 具有健脾补肝的功效。适合慢性乙肝所引起的精神疲倦、四肢乏力困倦、食欲减退、腰腿酸软、胁肋隐痛、舌头淡白，舌苔白薄、嘴唇和指甲颜色黯淡无华、脉弦细而缓、气血不足等症状。

注意事项： 如果精神疲倦，四肢困乏无力，可在上述材料的基础上加生北茂 15 克，来增加健脾益气的作用；如果食欲减退或不思饮食的患者，可以在原有的材料上加生麦芽 30 克，用以健胃消食，疏肝解郁；如果间有大便溏泻（大便稀薄不成形状）者，可在原有的材料上添加茯苓 12 克或山药 30 克，用以健脾止泻。

养生小语：此药膳仅适合上述症状的肝脾两虚患者食用，如果属于精神倦怠、舌苔黄腻、纳呆呕恶、胁胀而痛、脉弦滑或滑数等症状，则属于湿热蕴结患者，就不适宜食用本药膳。

太子参煮肉汤

材料：瘦猪肉 100 克，五味子和生姜各 10 克，太子参 30 克，麦冬和生地黄各 15 克，陈皮 5 克，红枣 10 枚。

做法：将上述材料全部放入砂锅内加适量水，小火慢炖两个小时，加食盐调味。

用法用量：随量食用。

功效：具有益气养阴的作用。适合慢性乙肝所引起的气阴两虚患者食用。气阴两虚表现症状为胁肋隐痛，精神疲倦，身体乏力，咽干口渴，汗多，气短懒言，形体消瘦，或有心悸失眠，舌质干红少苔，脉虚数。

注意事项：如果伴有大便干燥结块症状，可以添加玄参 15 克，用以滋阴润燥通便。

养生小语：如果属于外邪未解，或暑病热盛而气阴未伤者，虽然也有精神疲倦、身体困乏和汗多口渴的症状，也不宜食用本药膳。

佛手煮田螺

材料：田螺 50 个，郁金、佛手和生姜各 10 克，垂盆草 30 克，红枣

10 枚，金钱草 12 克。

做法：

① 田螺用清水静养半天后洗净，捣碎螺壳取出螺肉，生姜拍碎。

② 将上述材料一同放入锅内，加适量清水，用文火煮两个小时。

③ 加入食盐调味即可食用。

用法用量： 随量食用，吃田螺肉喝汤。

功效： 具有清热利湿，理气止痛的功效。适合无黄疸型乙肝导致的肝胆湿热患者食用。

注意事项： 用白花蛇舌草 30 克或蒲公英 15 克可以替代垂盆草，发挥它们清热利湿解毒的功效。伴有恶心呕吐和胸闷症状的患者，可以在原有的材料上添加春砂仁 6 克。

养生小语： 肝肾阴虚者也会出现咽干口渴、肋隐隐作痛和舌质红少苔的症状，但是不适合本药膳。

荸荠猪肚

材料： 荸荠 150 克，猪肚 150 克，大葱 10 克，姜 15 克，盐 2 克，味精 2 克，料酒 12 克。

做法：

① 将荸荠冲洗干净，削去外皮，切成丁块。

② 猪肚擦洗干净，放入沸水锅内略烫后捞出，切成细丝。

③ 将葱姜洗净分别切段、片备用。

④ 取锅放入冷水、猪肚，加入葱段、姜片、料酒，煨煮。

⑤ 猪肚将熟时拣去葱段、姜片，加入荸荠继续煮。

⑥ 熟时加入盐、味精调好味即成。

用法用量： 每天吃一次，每次一小碗。

功效： 适合慢性肝炎患者食用。

养生小语： 荸荠不宜生吃，因为荸荠生长在泥中，外皮和内部都有可能附着较多的细菌和寄生虫，所以洗净煮透后方可食用，而且煮熟的荸荠更甜。荸荠属于生冷食物，对脾肾虚寒和有血淤的人来说不太适合。

茵陈汤

材料： 茵陈 100 克，车前子 20 克（或车前草 100 克），白糖 20 克。

做法：

① 茵陈、车前子（或车前草）用 1 升清水煎汁。

② 当汤液煎煮剩下 800 毫升时，加入白糖即可。

用法用量： 每次服用 200 毫升，每天服用两三次。

功效： 利湿清热，适合慢性肝炎患者食用。

养生小语： 茵陈和煎好的鲫鱼用猛火煲一小时，饮用，可有效地疏肝、清肝热。

酸枣煎白糖

材料： 酸枣 50 克，白糖适量。

制作方法：用500毫升清水将酸枣文火煎一小时，加适量白糖调味即可食用。

用法用量：每天服用一次。

功效：具有降低转氨酶的作用，适用于急、慢性肝炎患者服用。

养生小语：酸枣味酸、性平、无毒，可以发挥养肝、宁心、安神、敛汗的作用。患有神经衰弱的人可以用酸枣仁3～6克，加白糖研和，每晚入睡前温开水调服，具有明显的治疗效果。

温馨提醒：

乙肝病人的食物宜忌。

（1）适合乙肝患者食用的食品。

① 香菇（隔水炖食，久食不厌）、瘦猪肉、猪腰子、猪羊肚、鸡鸭肫（即鸡、鸭之胃）、白鸽、鲫鱼、沙鱼鲞、昌鱼干、目鱼干、米鱼干、黄鱼干（忌白色小黄鱼）、冬瓜（清盐烧不放油）、黑油冬菜、香菇菜（即青菜）等。

② 可以偶尔少量进食一些花生米或豆制品（豆腐除外），新莲子、红枣、山核桃偶尔可少量食用。

③ 可以进食面条、面包、粉干（米制）、年糕、玉米等。

④ 乙肝患者的饮食在烹调上，要求烧菜必用植物油，在下雨季节多放生姜。

⑤ 乙肝患者要多吃酸性蔬果食品，比如山楂、酸枣、番茄和杏。

（2）乙肝患者需要忌食的食品。

① 忌食动肝、酸冷、碍胃的水果，如黄桃、李、草莓、柑、橘、梨、香蕉、柚、橙、甘蔗、干鲜荔枝、桂园、瓜类和糖果、糕饼等甜味食物。

② 忌食油腻食物和油炸品，如猪头肉、猪蹄、熏鹅、肥鸭、麻油鸭、肥猪肉、酱油肉、油条、油饼、油炸鱼等。

③ 忌食各种无鳞鱼，如鳗、泥鳅、河鲤、跳鱼等。

④ 忌食寒凉食物，如白肚鱼、淡水鲭鱼、白鲢鱼、黄花菜、大白菜、山东菜、紫菜、海带、绿豆芽、豆腐、丁螺、番茄等。

（3）乙肝患者需要禁食的食品。

禁食引动肝风（引发肝部风邪和不适）的食物和发物（诱发疾病的食品）。如鸡、虾蟹类、茄子、咸菜、咸鱼及泥下食物如芋头、番薯、春笋、茭白等。

第三节

酒精肝和脂肪肝的食疗方法

1. 酒精肝的药膳食疗方法

姜丝拌菠菜

材料：菠菜 250 克，生姜 25 克，香油、味精、食盐、醋和花椒油适量。

做法：

① 菠菜洗净，倒入开水焯熟，生姜切丝。

② 菠菜和姜丝加上适量香油、味精、食盐、醋和花椒油凉拌。

用法用量：佐餐食用。

功效：具有通肠胃、解酒毒和生津血的功效，适合酒精肝患者食用。

养生小语：生姜味辛、性微温，阴虚内热及实热症禁服。

烹饪指导：生姜有嫩

生姜与老生姜之分，做酱菜用嫩姜，药用以老姜为佳。生姜和姜片用于烹饪可以去腥膻，增加食品的鲜味。

金钱草砂仁鱼

材料：金钱草、车前草各 60 克，砂仁 10 克，鲤鱼 1 条，盐、姜各适量。

做法：鲤鱼去鳞、鳃及内脏，和其他三味药加水同煮。鱼熟后加盐、姜调味。

用法用量：佐餐食用。

功效：适合酒精肝患者食用。

养生小语：金钱草味甘、咸，性微寒。用于湿热黄疸，可与茵陈、栀子同用。

玉米须冬葵子红豆汤

材料：玉米须 60 克，冬葵子 15 克，红豆 100 克，白糖适量。

做法：将玉米须、冬葵子煎水取汁。放入红豆煮成汤，加白糖调味。

用法用量：分两次饮服，吃豆，饮汤。

功效：对于酒精肝患者有明显疗效。

养生小语：玉米须又称"龙须"，性平，有广泛的预防保健用途。把留着须的

玉米放进锅内煮,熟后把汤水倒出就是"龙须茶",可以作为全家的保健茶。

红枣青梅莲子羹

材料:红枣30克,青梅、莲子和核桃仁各10克,百合、白果和白醋各5克,白糖、橘子瓣、冰糖和山楂糕各50克,精盐少许。

做法:上述材料加水炖煮成较稀的水果羹。

用法用量:随量服用。

功效:适合酒精肝患者食用。

养生小语:现代中医药研究认为,大黑枣均有健脾功能,但红枣功在降浊,黑枣功在扶本,故红枣用于治,入药;黑枣用于养,不入药。

藕粉白糖糊

材料:白糖适量,藕粉30～50克。

做法:白糖和适量清水搅匀,加入藕粉煮成稠糊即可食用。

用法用量:随量食用。

功效:生津止渴、清热除烦,适合酒精肝患者食用。

养生小语:藕粉的基本成分是淀粉,食后在胃肠中容易转化为葡萄糖等而被人体吸收。适合热性病患者、肠胃功能障碍患者、产妇、儿童以及老人服用,是一种食用方便、味清气芳、易于消化的理想滋补食品。

菱角甜糊

材料:白糖适量,菱角粉30～50克。

做法:白糖和适量清水搅匀,加入菱角粉熬煮成糊状即可食用。

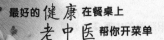
用法用量：随量食用。

功效：具有解酒和中，舒缓肝气和补益脾气的作用，十分适合酒精肝患者食用。

养生小语：菱角生者甘、凉、无毒；熟者甘、平、无毒。虽然药用价值很大，但食用时要注意不宜过量，不宜和猪肉同煮食用，易引起腹痛。

橄榄汁

材料：带核的鲜橄榄10个。

做法：稍微捣烂，加两碗清水煎汁，煎熬到一碗，滤渣取汁即可。

用法用量：随量饮用。

功效：具有清热解毒，生津止渴的功效，十分适合酒精肝患者饮用。

养生小语：橄榄味甘酸、性凉，胃病泛酸者忌食。

 温馨提醒：

酒精肝患者的日常饮食护理。

（1）戒酒。酒精肝大多是因为饮酒引起的，所以要从根本上治疗就要严禁喝酒。否则会加重肝脏负担，使得症状更加严重。

（2）包括酒精肝患者在内的所有肝炎患者，都要少吃油炸及油腻的食物。因为肝炎患者的肝脏，对于脂肪代谢能力较差，吃较多油腻油炸食品，很容易造成血脂增高或者诱发脂肪肝。

（3）包括酒精肝在内的所有肝炎患者，都具有消化道不适症状，所以要禁食辛辣食物，以免刺激胃肠，诱发胃溃疡或者胃炎。

（4）要多吃新鲜食品，不要吃存放过久的食品。

（5）肝病患者要多吃清淡素食和容易消化的食品，保持精神愉快，避免过于劳累，根据自己的体质选择合适的运动方法。

（6）科学研究发现，多吃柑橘可以预防肝病和动脉硬化。所以，柑橘是肝病患者的理想食品，宜多吃。

（7）柚、海带、绿豆、丝瓜、白菜、豆腐、生藕汁、浓茶水等食物有解除酒精中毒的功效，是酒精肝患者的食用佳品。

2. 脂肪肝的药膳食疗方法

车草砂仁鱼

材料：鲤鱼1条（中等大小），砂仁10克，车前草和金钱草各60克，姜片和食盐各适量。

做法：将鲤鱼和上述中药一起加水同煮，鱼熟后加入姜片和食盐即可食用。

用法用量：随量食用。

功效：适合脂肪肝患者食用。

养生小语：车前草味甘、性寒，具有清热利尿，凉血解毒的功效。

鱼子粉

材料：鱼子或者鱼脑适量。

做法：将鱼子或鱼脑焙黄，研磨成细粉。

用法用量：用温开水冲服，每次服用 3～5 克。

功效：长期食用对于脂肪肝患者有疗效。

养生小语：鱼脑中含有一种人体所需的鱼油，而鱼油中富含高度不饱和脂肪酸，可以发挥维持、提高、改善大脑机能的作用。

海带炖脊骨

材料：猪脊骨适量，海带适量，味精、食醋、精盐和胡椒粉适量。

做法：

① 猪脊骨切段洗净，倒入开水焯去血污，海带洗净后上锅蒸。

② 将猪脊骨炖汤，煮沸后撇去浮沫，放入海带。

③ 猪脊骨炖烂后，加味精、食醋、精盐和胡椒粉调味即可食用。

用法用量：喝汤吃海带，随量食用。

功效：对脂肪肝患者有疗效。

养生小语：海带性味咸、寒。脾胃虚寒者忌食，身体消瘦者不宜食用。

红豆葵须汤

材料：红豆 100 克，冬葵子 15 克，玉米须 60 克，白糖适量。

做法：

① 红豆淘洗干净，冬葵子和玉米须煎汁滤渣。

② 将红豆放入汁液中煮汤，红豆软烂后加入适量白糖调味。

用法用量：分两次食用，吃豆饮汤。

功效：对于脂肪肝患者很有疗效。

养生小语：红豆是富含叶酸的食物，产妇、乳母多吃红豆有催乳的功效。

三药炖红枣

材料：红枣 120 克，郁金、车前草和白术各 12 克。

做法：

① 红枣温水浸泡洗净，郁金、车前草和白术用干净纱布包好。

② 将上述材料一起放入锅中，加入适量水同煮。

③ 煮到汤汁快干的时候，即可取出药包，吃枣。

用法用量：随量食用。

功效：适合脂肪肝患者食用。

养生小语：枣树一身都是宝。红枣树叶煎汤服用，可以治疗反胃呕吐；枣核烧灰外敷，可以治走马牙疳；枣树皮烧炭，可以治腹泻痢疾；枣树根治妇女月经不调、胃痛等症。

山楂炒鱼片

材料：鲭鱼 150 克，陈皮 3 克，玉竹 6 克，山楂 10 克。食用油、蛋清、精盐、味精和粉芡适量。

做法：

① 鲭鱼去内脏，清洗干净后切片。

② 陈皮、玉竹温水浸泡。

③ 用蛋清、精盐、味精和粉芡将鲭鱼片挂浆，放入油锅爆炒。

④ 再放入陈皮、山楂、玉竹和适量调味料，鱼肉炒熟后即可食用。

用法用量：随量食用。

功效：具有降血脂的作用，适合脂肪肝患者食用。

养生小语：鲭鱼中除含有丰富蛋白质、脂肪外，还含丰富的硒、碘等微量元素，故有抗衰老、抗癌作用。

饮食禁忌：鲭鱼忌与李子同食，忌用牛、羊油煎炸，不可与荆芥、白术、苍术同食。

麦芽荷叶汁

材料：生麦芽 15 克，炒山楂 6 克，鲜荷叶 1 张，橘皮 10 克，白糖适量。

做法：

① 鲜荷叶洗净后切成细丝，橘皮温水浸泡洗净。

② 将橘皮、荷叶一同加 500 毫升清水，小火煎煮半小时后滤渣取汁。

③ 加入适量白糖后即可食用。

用法用量：每天一剂，分三四次饮用，可以经常饮用。

功效：对于肝郁脾虚型脂肪肝有良好疗效。

养生小语：荷叶有降血脂作用，富含荷叶碱可以扩张血管，清热解暑，有降血压的作用，同时还是减肥的良药。

米粉汤

材料：粳米 100 克，玉米粉 50 克，味精和食盐适量。

做法：

① 粳米淘洗干净，玉米粉调糊。

② 将粳米煮粥煮沸后放入玉米糊，搅匀后用小火煮粥。

③ 粥成加入适量味精和食盐调味即可服用。

用法用量：每天一剂，分两次服用。

功效：对于脾虚湿阻型脂肪肝有很好疗效。

养生小语：煮玉米粥时放些小苏打，还可避免玉米中的维生素 B_1 和维生素 B_2 流失。

冬瓜炖鸡胸

材料：黄芪和党参各 10 克，连皮冬瓜 250 克，鸡胸肉 200 克，味精、食盐和料酒各适量。

做法：

① 冬瓜切块，鸡肉切丝。

② 黄芪、鸡肉和党参一起加 500 毫升清水，用小火炖。

③ 鸡肉八分熟的时候放入冬瓜，加入料酒、食盐，一直炖到鸡肉熟烂。

④ 加味精即可食用。

用法用量： 吃肉喝汤，随量食用。

功效： 对于脾虚型脂肪肝有明显疗效。

养生小语： 冬瓜性寒凉，脾胃虚寒易泄泻者慎用。久病与阳虚肢冷者忌食。

鲜菇豆腐煲

材料： 豆腐 500 克，鲜秀珍菇 1 千克、味精、食盐和香油各适量。

做法：

① 豆腐隔水蒸 20 分钟，冷却后切块。

② 鲜秀珍菇洗净后去除杂质，撕扯成小块，连同豆腐一起放入砂锅炖煮半个小时。

③ 加入味精、食盐和香油即可食用。

用法用量： 可作为日常食品长期食用。

功效： 能有效治疗脂肪肝。

养生小语： 豆腐含钙，小葱含草酸，两者融合生成草酸钙，不易被人体吸收。这不仅破坏了豆腐的营养价值，而且还可能在体内形成结石，危害人体健康。

茴香炒萝卜

材料：白萝卜 250 克，茴香 100 克，菜籽油适量，花椒 20 粒。

做法：

① 白萝卜清洗干净后切条，茴香择洗干净后切段。

② 油锅里放入菜籽油，油热后放入花椒，炸至焦黑后去除。

③ 放入萝卜，炒至七成熟，放入茴香，翻炒至熟，加上味精、食盐，勾芡后即食。

用法用量：随量食用。

功效：对于痰阻气滞型脂肪肝有很好的疗效。

养生小语：茴香性温，味辛。发霉的茴香不宜吃。阴虚火旺的人不宜食用。

荷叶粳米粥

材料：粳米 100 克，新鲜荷叶 1 张，茵陈 15 克，白糖适量。

做法：

① 粳米清洗干净，荷叶洗净切碎，茵陈洗净。

② 先将荷叶和茵陈煎汁去渣，放入粳米煮粥，粥熟后加入白糖即可食用。

用法用量：早晚温热服用随量。

功效：具有降脂减肥和清扫散瘀的作用，适合脂肪肝患者食用。

养生小语：粳粟米粥，气薄味淡，属阳中之阴，所以能利小便。

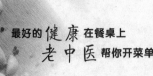
决明菊花粥

材料: 粳米50克,决明子10~15克,菊花10克,冰糖适量。

做法:

① 粳米淘洗干净,菊花温水浸泡洗净。

② 将决明子在砂锅内炒至有香气,冷却后和菊花一同煎汁。

③ 滤去渣滓,放入粳米煮粥,粥熟后加入冰糖调味。

用法用量: 每天服用一剂,温热服用,五到七天为一个疗程。

功效: 对于高血脂、高血压和脂肪肝患者有疗效,同时也对习惯性便秘有疗效。

养生小语: 将菊花与粳米一同煮粥,口味清爽,能清心、除烦、悦目、去燥。

醋蛋液

材料: 鲜鸡蛋1个,米醋180毫升。

做法:

① 鸡蛋洗净,放入有盖的搪瓷缸内,用米醋浸泡,密封48小时,直到蛋壳软化。

② 用筷子将蛋壳捅破并且搅匀,再封闭浸泡24小时即可食用。

用法用量：每日清晨饭前空腹饮服一次，每次 20 毫升，加温开水 80 毫升混合后服用。服用后漱口刷牙。

功效：具有补肝消肿和降脂降压的作用，适用于高血脂、高血压、动脉硬化、脂肪肝等患者服用。

养生小语：米醋具有散水、除湿、消毒杀菌的作用，对于脚趾部位出汗、潮湿、发痒有一定治疗作用。

车草砂仁鱼

材料：鲤鱼 1 条（中等大小），砂仁 10 克，车前草和金钱草各 60 克。姜片和食盐各适量。

做法：鲤鱼去鳞去腮去内脏清洗干净，同上述材料一起加水同煮，鱼熟即可食用。

用法用量：随量食用。

功效：适合脂肪肝患者食用。

养生小语：鲤鱼的脂肪多为不饱和脂肪酸，能很好地降低胆固醇，可以防治动脉硬化、冠心病，因此，多吃鱼可以健康长寿。

温馨提醒：

脂肪肝病人的日常饮食护理。

（1）血脂高的脂肪肝患者，要以低脂食品为主，多吃富含高纤维类食品，如香菇、粗麦粉、木耳、燕麦、玉米、海带、大蒜、牛奶、甘薯、

胡萝卜、花生、葵花籽、山楂、无花果等。这有助于增加饱足感及控制血糖和血脂。

（2）营养过剩性脂肪肝患者要少吃高脂肪和油腻食品，同时也要少吃富含胆固醇的食品，如动物内脏、脑髓、蛋黄、鱼卵、鱿鱼等。

（3）脂肪肝患者要多吃低糖食品，不吃富含单糖和双糖的食品，如冰淇淋、干枣和糖果等。

（4）戒烟戒酒，饮食一日三餐要有规律。选择适合自身体质的运动方式，以长耐性和低强度的运动为宜。

（5）脂肪肝患者服药要慎重，对于一些降脂药要根据自身情况和医嘱服用。

第四节

肝硬化的食疗方法

黄芪炖乳鸽

材料： 乳鸽 1 只（中等大小），黄芪 20 克，败酱草和黄精各 15 克，桃仁 12 克。

做法：

① 将鸽子去毛去内脏清洗干净后切块。

② 将黄芪等中药煎汁，20 分钟后滤渣取汁，用药汁煮炖乳鸽。

③ 加入食盐、姜片、葱花和料酒适量，炖至乳鸽酥软时即可食用。

用法用量： 随量食用。

功效： 经常食用对缓解肝硬化症状有明显疗效。

养生小语： 乳鸽的骨内含丰富的软骨素，常食能增加皮肤弹性，改善血液循环。

白参梨汁

材料： 梨汁 100 毫升，白参 6 克。

做法：

① 白参洗净后放入碗中，加少量水，隔水炖半小时到一小时。

② 将隔水炖出来的人参液和梨汁搅匀。

用法用量： 分两次服用，可长期服用。

功效： 适合肝硬化患者，对于缓解症状有效果。

养生小语： 梨具有润燥消风、醒酒解毒等功效。在秋季气候干燥时，人们常感到皮肤瘙痒、口鼻干燥，有时干咳少痰，每天吃一两个梨可缓解秋燥，有益健康。

鸡草田螺汤

材料： 田螺 500 克，鸡骨草 50 ～ 100 克。

做法： 将田螺在清水中放养两三天，排尽体内废物后，田螺尾部敲去少许，加入鸡骨草，一起煮汤服食。

用法用量： 每日服用一次。

功效： 对于传染性黄疸型肝炎、慢性肝炎和早期肝硬化都有很好疗效。

养生小语： 吃螺不可饮用冰水，否则会导致腹泻。

三豆炖白鸭

材料：白鸭 1 只（中等大小），蚕豆、绿豆和红豆各 50 克，绍兴酒、大蒜、葱、食盐和姜适量。

做法：

① 将蚕豆、绿豆和红豆清水浸泡两小时。

② 白鸭去毛去爪子去内脏，姜拍松，葱切段。

③ 将上述材料一起放入锅内，加入 1.5 升清水煮炖，鸭肉软烂即可食用。

用法用量：每天食用两次，吃肉喝汤吃豆子。

功效：具有补气血，消腹水的作用，适合肝硬化腹水患者食用。

养生小语：服温补药时不要吃绿豆食品，以免降低药效。

茯黄猪肉汤

材料：瘦猪肉 100 克，佛手、陈皮和芝麻各 6 克，茯苓、黄芪和党参各 12 克，白术 9 克，砂仁 3 克，葱、姜等调味料适量。

做法：将上述材料一起入锅，文火炖烂。

用法用量：吃肉喝汤，随量食用。

功效：适用于早期肝硬化、肝郁脾虚患者食用，有很好的辅助疗效。

养生小语：烹饪时适量添加陈皮，每次 10 克左右，不宜多放。适合食欲不振，脘腹胀满，痰多咳嗽者食用。

红豆鲤鱼

材料：鲤鱼 1 条，红豆 100 克，冬葵子 15 克，玉米须 60 克，白糖适量。

做法：

① 鲤鱼去鳞去内脏去鱼头后清洗干净，红豆淘洗干净。

② 将红豆和鲤鱼一同入锅，加 2～3 升水清炖，炖至鱼熟豆烂即可食用。

用法用量： 将鱼肉、豆和汤全部食完。

功效： 对于肝硬化腹水有很好疗效。

注意事项： 此道菜请勿放盐。

养生小语： 红豆性平、味甘，具有健脾利水的作用，可以有效治疗肝硬化腹水、营养不良性水肿等，如能配合乌鱼、鲤鱼或黄母鸡同食，消肿力更好。

红豆炖黑鱼

材料： 生鱼 1 条（500 克大小），绿豆和红豆各 50 克，大蒜和绍兴酒各 10 克，葱花、姜和食盐各 5 克。

做法：

① 把红豆和绿豆放在清水中浸泡两个小时。

② 生鱼去内脏去腮，清洗干净后抹上绍兴酒。

③ 放入清水 600 毫升，加入绿豆、红豆、姜、葱、盐，炖煮一个小时即可食用。

用法用量： 每日一次，每次吃生鱼肉 50 克，红豆、绿豆和鱼汤不限量。

功效： 具有除湿健脾和利水消肿的功效，适合肝硬化腹水患者食用，能有效辅助治疗。

养生小语：生鱼也叫黑鱼、斑鱼、蛇头鱼等。黑鱼肉中含18种氨基酸和人体必需的钙、磷、铁及多种维生素，适合身体虚弱、低蛋白血症、脾胃气虚、营养不良、贫血之人食用。有疮者不可食，令人瘢白。

烹饪指导：用黑鱼做菜注意选料，鱼不能太大，一般八两左右即可。这样的鱼龄一般在一年左右，可以维持鱼肉鲜嫩。

温馨提醒：

肝硬化患者的饮食禁忌。

（1）不要多吃高脂肪食品，每天食用植物油以不超过50克为宜。

（2）尽量少吃富含胆固醇的食品，以免加重肝脏的代谢负担。猪脑，牛脑，猪腰，猪肝，鸭肝，羊肝，猪肚，猪心，鸡、鸭内脏，蟹黄，螃蟹，鲫鱼，皮蛋，咸鸭蛋，鸡蛋黄，鸭蛋黄，鸡蛋粉，水发鱿鱼，虾皮等都富含胆固醇，要少吃。

（3）戒酒，要少吃或者不吃油炸、油煎、烧烤和辛辣刺激性食品。

（4）肝硬化患者不要食用秋刀鱼、青花鱼、鲔鱼和沙丁鱼。这些鱼类体内含有一种不饱和脂肪酸，很容易引起患者出血，所以要禁食。

（5）晚期肝硬化腹水患者，要限制食盐摄取量，以一天两三克为宜。情况严重者还要禁食食盐。少吃或禁食含糖食品。不要吃粗纤维食品，也不要吃干硬难消化的食品。食品要煮熟，肉类要软烂，不要吃半生不熟的食品。

（6）忌吃含高嘌呤的食物。嘌呤食品容易增加患者的肾脏负担，而肝硬化患者的肝脏、肾脏和心脏功能都比较弱。每100克中嘌呤含量小于75毫克的食品有芦笋、花椰菜、四季豆、青豆、豌豆、菜豆、菠菜、蘑菇、麦片、鲱鱼、鲥鱼、鲑鱼、鲔鱼、白鱼、龙虾、蟹、牡蛎、鸡、火腿、羊肉、牛肉汤、麦麸、面包等。每100克中嘌呤含量在75～150毫克的食品有扁豆、鲤鱼、鲈鱼、梭鱼、鲭鱼、贝壳类水产、熏火腿、猪肉、牛肉、牛舌、小牛肉、鸡汤、鸭、鹅、鸽子、鹌鹑、野鸡、兔肉、羊肉、鹿肉、肉汤、肝、火鸡、鳗鱼、鳝鱼。每100克中嘌呤含量在150～1000毫克的食品有胰脏、凤尾鱼、沙丁鱼、牛肝、牛肾、肉汁。

（7）要节制性生活，对于肝硬化失代偿期的患者，则应禁止性生活。

（8）不要过度劳累，保持乐观情绪。任何病魔只要有信心，就有治愈的可能，自身首先不能垮掉。

第五节

急、慢性胆囊炎的食疗方法

1.急性胆囊炎的膳食食疗方法

急性胆囊炎分为急性胆结石胆囊炎和急性非结石性胆囊炎。患者首先会感到右上腹部疼痛，随症状不同表现为胀痛或者剧痛，某些病人还会出现恶心呕吐和低烧症状。

藤汁冲鸡蛋

材料： 黄瓜藤 100 克，新鲜鸡蛋 1 个。

做法：

① 黄瓜藤清洗干净切碎，煎汁滤渣，取汁液 100 毫升。

② 鸡蛋打破搅匀，用黄瓜藤汁冲服鸡蛋。

用法用量： 每天服用一次。

功效： 具有清热利胆的疗效，适合急性胆囊炎患者服用。

养生小语： 此法不适合虚寒体质者。

马齿煎芦根

材料：芦根 25 克，干马齿苋 10 克。

做法：上述材料一起煎汁。

用法用量：代茶饮。

功效：具有消炎利尿的效果，适合急性胆囊炎患者服用。

养生小语：芦根有解毒之功，还能治疗河豚中毒，可单用捣汁服，或配生姜、紫苏叶等煎水饮。

烹饪指导：选择芦根以条粗均匀、色黄白、有光泽、无须者为佳。

2. 慢性胆囊炎的膳食食疗方法

中医认为，慢性胆囊炎是由于肝胆郁热，疏泄失常所引起的，应当清利肝胆，疏肝行气。慢性胆囊炎分为饮食停滞型、肝气犯胃型和肝胃郁热型。

（1）饮食停滞型胆囊炎的饮食膳食疗法

主要表现症状为恶心呕吐、胃部鼓胀、胁肋疼痛、大便不爽、舌苔厚腻、脉滑。

山楂糖药饼

材料：白糖、山药和山楂各适量。

做法：将山楂除去内核，连同山药一同蒸熟，待汤液冷却后加入白糖搅拌均匀，压为薄饼服食。

用法用量：一天服用一剂。

功效：能有效治疗慢性胆囊炎。

养生小语：食用山楂后要注意实时漱口刷牙，以防伤害牙齿。

砂仁胡椒猪肚汤

材料：猪肚1个，陈皮和肉桂各3克，砂仁、胡椒和干姜各6克，调味料适量。

做法：

① 将上述中药材一起包进纱布扎口，和猪肚一同煮至猪肚熟烂。

② 将药包去除，猪肚切片用调味料调味。

用法用量：吃肉喝汤，两天服用一剂。

功效：对慢性胆囊炎患者有很好的疗效。

养生小语：胡椒中含胡椒辣碱、胡椒脂碱、挥发油和脂肪油，火候太久会使辣和香挥发掉，所以与肉食同煮的时间不宜太长。

红枣炖猪肚

材料：猪肚1个，砂仁10克，红枣5枚，生姜15克，胡椒30克，食盐适量。

做法：

① 红枣温水浸泡洗净去核，生姜洗净切丝。

② 猪肚清洗干净。

③ 上述材料一起放进猪肚中，加适量水，文火炖熟即可服用。

用法用量： 每两天服用一剂。

功效： 适合慢性胆囊炎患者服用，有很好的辅助疗效。

养生小语： 发炎和上火的人要暂时禁吃胡椒，否则更容易动火伤气。

（2）肝气犯胃型胆囊炎的饮食膳食疗法

主要表现症状为频繁打嗝、胃部胀满、大便不畅、胁肋疼痛，上述症状容易受情绪影响。

槟榔膏

材料： 槟榔 200 克，砂仁、豆蔻和丁香各 10 克，陈皮 20 克，食盐适量。

做法：

① 将上述材料一起放入锅中，加适量清水，旺火煮沸后用文火慢煮。

② 煮到汤液完全蒸发后，即可起锅停火。

③ 冷却后将槟榔取出，用刀剁成黄豆大小的碎块。

用法用量： 饭后服用几粒。

功效： 对于慢性胆囊炎患者有疗效。

养生小语： 槟榔果可以食用，沾卤水咀嚼，初次咀嚼者会脸红、胸闷，属于正常现象。

三七炖参枣

材料： 红枣 10 克，三七 250 克，丹参 30 克。

做法：

① 红枣温水浸泡洗净后去核，三七洗净去皮，丹参用纱布包好。

② 将上述材料加水一同炖至熟后，取出药包，加上适量味精和食盐调味。

用法用量： 每天服用一剂。

功效： 适合胆囊炎患者服用，具有很好的辅助疗效。

养生小语： 丹参其味苦，性微寒，具有活血通经、祛瘀止痛、清心除烦、凉血消痈等作用，适用于血淤、血热、血淤兼热或血热兼瘀所致的各种病症，尤为妇科、内科及外科症属血淤兼热者所常用。

黄酒泡枣

材料： 红枣 5 枚，黄酒 250 毫升，青皮和茴香各 15 克。

做法： 将红枣、青皮和茴香用黄酒浸泡，密封容器，三天后即可饮用。

用法用量： 每天两次，每次 20 毫升，连续将黄酒服用完毕。

功效： 对于慢性胆囊炎患者有疗效。

养生小语： 黄酒以白米、黍米为材料，一般酒精含量为 14% ～ 20%，属于低浓度酿造酒。含有丰富的营养，人体自身不能合成必须依靠食物摄取的八种必需氨基酸黄酒都具备，故被誉为"液体蛋糕"。

（3）肝胃郁热型胆囊炎患者的饮食药膳方法

主要表现症状为胃部胀满灼痛、心烦气躁容易发怒、胁肋疼痛、泛酸嘈杂、口腔干燥发苦、舌质红苔黄。

牛蒡炒猪肉

材料： 瘦猪肉 150 克，牛蒡子 10 克，胡萝卜 100 克，调味料适量。

做法：

① 瘦猪肉洗净，用开水焯去血污切成丝。胡萝卜切成细丝。

② 牛蒡子洗净水煎取汁，加淀粉调成糊备用。

③ 炒锅放素油烧热后，下肉丝爆炒，放入胡萝卜和牛蒡淀粉汁，炒熟即成。

用法用量： 每天服用一剂。

功效： 适合慢性胆囊炎患者食用。

养生小语： 牛蒡子性寒，滑肠通便，气虚便溏者慎用。

竹草白米粥

材料： 白米 50 克，竹叶 10 克，金钱草 30 克。

做法：

① 竹叶和金钱草洗净后，放入清水浸泡五到十分钟，加水煎汁。

② 白米淘洗干净，倒入药汁中煮粥，调入白糖即可。

用法用量： 每天服用一剂。

功效： 对于慢性胆囊炎患者有疗效。

养生小语： 金钱草性微寒，味甘、咸。可以清热利湿、通淋、消肿。

用于疗疮肿毒、蛇虫咬伤及烫伤等症，可用鲜金钱草捣汁饮服，以渣外敷局部。

蒲公英炖猪肉

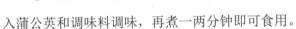

材料： 瘦猪肉 100 克，鲜蒲公英 150 克。

做法：

① 瘦猪肉洗净后切块，鲜蒲公英洗净。

② 将瘦猪肉炖烂后，放入蒲公英和调味料调味，再煮一两分钟即可食用。

用法用量： 每天服用一剂。

功效： 对于慢性胆囊炎患者有疗效。

烹饪指导： 新鲜蒲公英要选择叶片干净，略带香气者。

养生小语： 蒲公英又称尿床草，对于利尿可是有非常好的效果。花朵煎成药汁可以去除雀斑。

温馨提醒：

胆囊炎患者的日常饮食护理。

（1）限制高脂肪和高胆固醇食品，不要吃刺激性的辛辣食品，忌食油炸和油腻食品。

（2）不要进食过冷过热的食品。

（3）不要进食引起胀气的食品，以免加重病情。容易引起胀气的食物有芹菜、韭菜、黄豆、马铃薯、甘薯、毛豆、竹笋、蒜苗、大蒜等。

（4）急性胆囊炎发作时期不要进食，要让胆囊获得充分休息，以缓解疼痛。禁食期间可以多饮水，用静脉输液来补充营养。待病情好转后，可以进食一些高碳水化合物的食品，比如米汤、果汁、果汁冻、杏仁茶、藕粉等。患者适应后可增加一些流质和半流质食品，如米粥、麦片、面包、饼干（少油）及少量的碎软蔬菜、水果等。要掌握好脂肪的摄取量，脂肪过高固然不好，但是脂肪过低会影响人体对脂溶性维生素的吸收。胆囊炎患者在急性期消失后，应从无脂饮食改为低脂饮食。

（5）急性胆囊炎的患者不要进食牛奶、萝卜、洋葱等容易产生刺激和气体的食品；肉汤、鸡汤、牛奶、蛋黄等食品也要禁食。

第六节

胆结石的食疗方法

胆结石是最常见的消化疾病之一。胆结石是胆管树内（包括胆囊）形成的凝结物，主要表现症状是腹痛和急性炎症。

缺少运动、体质肥胖、多次妊娠、不吃早餐、餐后零食等都会引发胆结石。同时，遗传因素和肝硬化患者也容易形成胆结石。

胆结石的饮食食疗方法如下。

狗宝蒸猪肝

材料：猪肝 250 克，狗宝 1.5 克，大金钱草 60 克。

做法：

① 猪肝洗净，用开水焯去血污，再用清水洗净，切片。

② 狗宝和大金钱草洗净，捣碎研成细末。

③ 将上述药粉和猪肝片搅匀，加葱段、姜片在篦子上蒸半个小时。

④ 用食盐、味精调味即可食用。

用法用量：随量食用。

功效：具有疏肝利胆的功效，对于化解胆道结石有很好的辅助疗效。

养生小语：猪肝中含有丰富的维生素 A，常吃猪肝可逐渐消除眼科病症。

须草汁

材料：黄芩、广木和香郁金各 15 克，茵陈 25 克，玉米须 20 克，川楝子 9 克，虎杖 30 克，白糖适量。

做法：

① 将以上药材一同放入砂锅中，加清水煎汁。

② 滤渣取汁后放入白糖，搅匀后即可食用。

用法用量：随量服用。

功效：具有清肝利胆的功效，对于胆结石和肝胆气滞有很好的疗效。

养生小语：黄芩为唇形科多年生草本植物，药用根茎，有清热燥湿安胎凉血的作用，别名黄金茶，用来泡茶喝有清凉败火、消炎祛暑的功能。

金钱草甜粥

材料：粳米 50 克，新鲜金钱草 60 克，冰糖 15 克。

做法：

① 粳米淘洗干净，新鲜金钱草洗净煎汁。

② 将粳米倒入金钱草的药汁中煮粥，放入冰糖搅拌均匀即可食用。

用法用量：随量服用。

功效：具有清热祛湿，利胆退黄的功效，对于湿热蕴积于肝胆，胆道结石，肋下常痛，厌食油腻等症状都有很好的辅助疗效。

养生小语：冰糖的作用一是为了增加甜度，中和多余的酸度。另外还有祛火的功效，是和菊花、枸杞、山楂、红枣等搭配的极好调味料。

白茅根炒猪肉

材料：瘦猪肉 500 克，鲜白茅根 50 克，味精、食盐适量。

做法：

① 瘦猪肉洗净，倒入沸水焯去血污，切成片。

② 鲜白茅根洗净，切成小段，和猪肉一同放入砂锅中，加葱、姜、清水适量，旺火烧开，转至小火慢炖。

③ 拣出白茅根和葱、姜，加入味精、食盐调味即可食用。

用法用量：随量食用。

功效：具有清热利湿的功效，适合胆道结石、肝胆湿热和胁痛隐隐症状的患者服用，有很好的辅助治疗作用。

养生小语：白茅根味甘性寒，善清肺、胃之热，因它有利水作用，故能导热下行。它的特点是味甘而不泥膈，性寒而不碍胃，利水而不伤阴，尤以热症而有阴津不足现象者最为适用。

玉米须茶

材料：玉米须 50 克。

做法：将玉米须放入砂锅，加适量水，文火煎煮 20 分钟，取汁。

用法用量：代茶饮用。

功效：具有清热利胆的功效，适合胆道结石患者服用，具有很好的辅助疗效。

养生小语：玉米须中含有大量的赖氨酸，治疗癌症有显著的效果。玉米须中还含有一种抗癌因子——谷胱甘肽，可防止致癌物在体内形成。

陈皮辣牛肉

材料：牛肉1.5千克，干辣椒丝10克，植物油1千克，生姜、葱段、酱油和陈皮丝各50克，黄酒15克，味精3克，白糖25克，精盐6克，麻油、食醋、花椒、糖色、鲜高汤各适量。

做法：

① 牛肉洗净后放入开水中焯去血污腥臊，再用清水洗净切成粗丝。

② 炒锅油烧热后，将牛肉丝入锅炸干，捞出后控油。

③ 炒锅内留下余油50克，将适量花椒炸焦。

④ 将花椒取出，再放入食醋、生姜丝、葱段、陈皮丝、干辣椒丝。

⑤ 炒出香味后烹入酱油、黄酒和鲜高汤，加入味精、精盐和白糖。

⑥ 将锅内汤汁调和成适合自己口味后，放入牛肉丝。

⑦ 小火慢炖至汤汁浓稠，淋入适量麻油即可。

用法用量：随量食用。

功效：具有补养气血、疏肝利胆和滋补脾胃的功效，十分适合胆结石患者食用，对于胆结石症状具有良好的辅助疗效。

养生小语：牛肉的营养价值高，古有"牛肉补气，功同黄芪"之说。手术后的病人可用牛肉加红枣炖食。

温馨提醒：

胆结石患者的日常饮食护理。

（1）少吃生冷、油腻油炸、高蛋白和刺激性的食品；多吃富含维生素 A 和维生素 C 的蔬菜和水果，以及鱼类海产类食品。每晚一杯牛奶，或者早晨一个煎鸡蛋，能有效减少胆汁在胆囊中的停留时间，预防胆结石和胆囊炎的发生。

（2）注意生活要有规律，不要暴饮暴食，少吃偏酸食品。注意劳逸结合，经常运动，一日三餐定时定量。女性要减少妊娠的次数。

（3）坚果内富含大量健康脂肪，多吃坚果可以降低胆结石发病率。

（4）研究发现，吃糖越多胆结石的发生率也就越高。所以预防胆结石要尽量少吃糖。

（5）多吃生姜和姜制品，比如姜茶、糖姜和腌姜等，可预防胆结石的发生，缓解胆结石症状。

第七章

呼吸疾病的中医食疗菜单

第一节

感冒的食疗方法

感冒俗称伤风，属于呼吸系统疾病的一种。感冒的症状表现为鼻塞、头痛、咳嗽、恶寒发烧、全身不适等。

治感冒常用的食疗方法如下。

苏荆姜糖茶

材料： 茶叶 6 克，红糖 30 克，生姜 10 克，苏叶和荆芥各 10 克。

做法：

① 生姜剁碎成细末，苏叶和荆芥洗净后研成粗末。

② 将生姜末、苏叶末和荆芥末连同茶叶一起用开水冲泡。

③ 浸泡一段时间后加入红糖搅匀，用火煮沸后即可。

用法用量： 趁热服下，喝后马上盖上厚被子发汗。如果不能有效排寒，则一小时后还可以再服用一次。

功效： 可以有效缓解身体酸痛和畏寒怕冷的症状，对于风寒感冒患者有良好的治疗效果。

养生小语： 夏季气温高，有些食品不宜保存，新鲜程度低，若在烧菜时放些生姜，则既可调味，又可解毒。

姜葱菜米粥

材料：大白菜半棵，粳米 50 克，生姜 10 克，葱白 20 克。

做法：

① 大白菜切片，粳米淘洗干净。

② 粳米加水熬粥，沸腾后加入切片的大白菜、切段的大葱白和生姜。

③ 煮至白菜、大葱变软，粥液黏稠时，起锅停火加少许食盐调味后即可食用。

用法用量：随量食用。

功效：具有发汗驱寒、调和胃气的作用，十分适合老年风寒感冒患者服用。

养生小语：大白菜含有的许多成分具有防癌抗癌的作用，在防癌食品排行榜中白菜仅次于大蒜。

荠菜豆腐汤

材料：豆腐 100 克，火腿 50 克，高汤 1 千克，生姜 10 克，荠菜 30 克，胡椒粉、香菜末和食盐各适量。

做法：

① 豆腐切块和火腿丝混合，加少量酱油微煸炒，加入

高汤和生姜。

② 煮沸后放入荠菜、胡椒粉、香菜末和少量食盐调味。

用法用量：随量食用。

功效：具有散寒止痛、补中和胃和增进食欲的功效，十分适合风寒感冒患者服用。

养生小语：荠菜可宽肠通便，故便溏者慎食。

薄荷甜米粥

材料：薄荷 15 克，冰糖适量，粳米 60 克。

做法：

① 薄荷洗净后煎汁，粳米淘洗干净。

② 将粳米煮粥，粥快要熟时，加入薄荷汁和冰糖，稍煮片刻即可。

用法用量：温热服用，服用后出汗最好。

功效：此粥具有疏散风热、补益肠胃和排汗的效用，对于新感风热感冒的患者有明显疗效。

养生小语：薄荷辛以发散，凉以清热，清轻凉散，为疏散风热常用之品，故可用治风热感冒或温病初起。

菊桑苦竹茶

材料：苦竹叶 15 克，菊花和桑叶各 6 克，薄荷 3 克，蜂蜜少许。

做法：上述材料加适量水煮沸，即可食用。

用法用量：代茶频服。

功效：具有清肺散热、迅速解除发烧头痛的作用，对于风热感冒症状疗效显著。对于患有高血压或头痛、目糊的患者也很适用。

　　养生小语: 菊花对治疗眼睛疲劳、视力模糊有很好的疗效,中国自古就知道菊花能保护眼睛的健康,除了涂抹眼睛可消除水肿之外,平常就可以泡一杯菊花茶来喝,能消除眼睛疲劳,如果每天喝三到四杯的菊花茶,对恢复视力也有帮助。

沙参蒸雪梨

材料: 雪梨1个,沙参10克,薄荷2克,贝母6克,冰糖适量。

做法:

① 雪梨去皮去核清洗干净并切成两瓣。

② 将沙参、薄荷、贝母和冰糖一起放入雪梨内,两瓣合起来放在碗内。

③ 隔水蒸熟后即可食用。

用法用量: 早晚两次,连吃数天。

功效: 具有润燥止咳,化痰宣肺的良好作用,十分适合儿童和老年人的风热感冒症状。对于风热感冒引起的咽干咳嗽、肺热痰黄、津伤口渴和大便燥结等症状,都有很好的治疗效果。

　　养生小语: 雪梨有降低血压和养阴清热的效果,所以高血压、肝炎、肝硬化病人常吃梨有好处。

温馨提醒：

感冒患者的饮食宜忌。

风寒感冒者不要吃生冷寒凉的食品，要吃辛辣温热有助于发汗的食品。而风热感冒患者，则要忌食刺激辛辣的热性食品，多吃清热利咽和辛凉寒性食品。

风寒感冒患者宜吃的温热性或平性食物有香菜、辣椒、花椒、肉桂、白米粥、砂仁、金橘、柠檬、佛手柑、洋葱、生姜、紫苏、葱白、南瓜、薄荷、青菜、扁豆、红豆、黄豆芽、豇豆、杏子、桃子、樱桃、山楂等。

风热型感冒患者宜吃的寒凉性或平性食物有地瓜、绿豆、萝卜、苹果、柿霜、枇杷、柑、橙子、猕猴桃、草莓、罗汉果、无花果、旱芹、水芹、菊花脑、卷心菜、苋菜、菠菜、金银花、金针、莴苣、枸杞头、豆腐、面筋、冬瓜、橄榄、瓤子、荷叶、丝瓜、白菊花、胖大海、马兰头、绿豆芽、柿子、梨子、香蕉、西瓜、苦瓜、甘蔗、番茄等。

第二节

哮喘的食疗方法

哮喘是支气管哮喘的简称，呼吸困难、气急、咯痰、咳嗽、肺内可听到哮鸣音，尤其是呼气时哮鸣音更加明显。此病多在春秋季节或天气变寒的时候发作，是一种过敏性疾病，少儿和青少年发病率较高。这类哮喘来得快去得也快，呼吸困难是其主要特点。如果反复发作极有可能发展成肺心病或肺气肿。

治疗哮喘的常用药膳食疗方法如下。

陈醋煮鸡蛋

材料：陈醋 50 毫升，鸡蛋 1 个。

做法：陈醋和鸡蛋一起放入锅内煮，鸡蛋煮熟后再煮五分钟即可。

用法用量：每天服用两剂，连续服用四剂。

功效：喝醋吃蛋，对于哮喘患者疗效明显。

养生小语："少盐多醋"是中国人传统的健康饮食之道，用醋来增加菜肴风味，以减少用盐，确实能降低罹患高血压、动脉硬化、冠状动脉心脏病、中风等疾病的风险。

豆腐萝卜汁

材料：豆腐 500 克，生萝卜汁 1 杯，麦芽糖 100 克。

做法：将上述材料混合后一起煮开即可。

用法用量：每天早晚两次服用完毕。

功效：对于肺实型的哮喘病患者疗效显著。

养生小语：豆腐含有丰富的植物雌激素，对防治骨质疏松症有良好的作用。

豆腐麻仁汤

材料：豆腐 100 克，麻黄 6 克，杏仁 5 克。

做法：将豆腐、杏仁和麻黄一起煮一个小时，去掉药渣，喝汤吃豆腐。

用法用量：隔日服用和每天服用皆可。

功效：对于哮喘症状有明显疗效。

养生小语：豆腐营养丰富，含有铁、钙、磷、镁等人体必需的多种微量元素，素有"植物肉"之美称。两小块豆腐，即可满足一个人一天钙的需求量。

丝瓜汁

材料：鲜嫩丝瓜 5 条（中等大小）。

做法：将丝瓜洗净后切碎，加适量水煎汁。

用法用量：口服，每次 30 毫升，一天服用三次。

功效：对于哮喘很有疗效。

养生小语：丝瓜汁水丰富，宜现切现做，以免营养成分随汁水流失。

丝瓜藤汁

材料：丝瓜藤适量。

做法：丝瓜藤从根部距离地面一米处剪断，洗净后将剪断的一头插进瓶子里面自由滴汁，累积汁液大约 500 毫升。

用法用量：饮汁，每次 30 毫升。

功效：治疗哮喘病。

养生小语：丝瓜藤茎的汁液具有保持皮肤弹性的特殊功能，可美容祛皱。

桃仁蒸蜜汁

材料：生姜汁适量，蜂蜜 30 克，杏仁和核桃仁各 5 克。

做法：将蜂蜜和杏仁、核桃仁一起隔水蒸熟，加入生姜汁（以 20

滴为宜）。

用法用量：一次服用完。每隔两天服用一次，连续服用五到七次。

功效：对于哮喘有疗效。

养生小语：苦杏仁能止咳平喘，润肠通便，可治疗肺病、咳嗽等疾病。还有美容功效，能促进皮肤微循环，使皮肤红润光泽。

核桃仁炖猪蹄

材料：猪蹄 250 克，生姜 15 克，核桃仁 30 克。

做法：生姜切片，将猪蹄、生姜和核桃仁一起炖熟。

用法用量：每天吃三次，一两天内吃完。

功效：对于哮喘病日久不愈，反复发作的肾虚患者疗效显著。

养生小语：核桃含有较多脂肪，所以不要一次吃得太多，否则会影响消化，上火、腹泻的人不宜吃。一般来说，每天服用核桃仁的量应在 40 克左右，相当于四五个核桃。

饴糖豆腐汁

材料：饴糖 100 克，生萝卜汁半杯，豆腐 1 碗。

做法：将上述材料一起煮沸食用。

用法用量：一天分两次服用。

功效：长期服用对于哮喘很有疗效。

养生小语：饴糖性温，味甘。适宜慢性支气管炎、肺燥干咳无痰者食用。

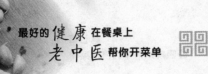
北瓜糖姜汁

材料：北瓜1个（中等大小），麦芽糖和姜汁适量。

做法：

① 北瓜洗净切碎，和等量的麦芽糖混合，加适量清水在砂锅中煮至极烂。

② 滤渣再煮，一直到汤汁浓缩。

③ 按照500克瓜汁中加入二两姜汁的量，加入生姜汁搅匀即可食用。

用法用量：每天服用两到三次，每次服一匙，用开水冲服。

功效：可以有效治疗哮喘。

养生小语：北瓜形如南瓜而较小，又称为桃南瓜，皮色红黄似金，故又称金瓜。性味甘平，无毒，具有润肺止喘功效。

温馨提醒：

哮喘患者的饮食宜忌。

（1）禁食烟酒和辛辣刺激性的食品，宜食清淡食品和新鲜蔬果，多吃动物肝脏、瘦肉和豆浆等。

（2）对于海腥发物（发物是指容易诱发各种疾病的食品）食品，海虾、蟹、带鱼、橡皮鱼、海鳗、黄鱼等许多无鳞鱼要禁止食用。

（3）乳类和蛋类食品，比如鸡蛋、鸭蛋、牛奶、羊奶、马奶及奶酪、奶油等要尽量少吃，里面富含的大量蛋白，很容易对哮喘病人造成刺激。

（4）不要吃生冷寒凉食品，也不要吃过甜的食品。

（5）哮喘病患者不宜食用荠菜和兔肉、乌梅，不宜过多食用鲥鱼和白鳝等食品。

第三节

慢性支气管炎的食疗方法

细菌和病毒重复感染导致支气管发生炎症，容易引发气管炎。慢性支气管炎起病前，多数有急性支气管炎、流感或肺炎等急性呼吸道感染史。慢性支气管炎反复持续发作，常伴有肺心病和肺气肿等并发症。临床表现为咳痰、长期咳嗽或伴有喘息等。

下面介绍慢性支气管炎的药膳食疗方法。

枇杷叶煮肉丝

材料：瘦猪肉 150 克，枇杷叶 10 克，食盐、味精、麻油各适量。

做法：

① 瘦猪肉清洗干净后，用开水焯去血污切丝。

② 枇杷叶洗净刷去细毛，切碎，用布包好。

③ 先将枇杷叶包放入清水中旺火烧开，煮五到十分钟后去除药包。

④ 放入猪肉丝，煮熟后根据自己的口味加食盐、味精、麻油调味即可食用。

用法用量：随量食用。

功效：具有润肺化痰的作用，对于慢性支气管炎引起的吐黄色浓痰、咳嗽或者肺燥咳嗽，干咳痰少、咯血等症状有明显疗效。

养生小语：枇杷叶味苦、微辛，性微寒。凡肺热痰多者，可与桑白皮、杏仁、竹沥、大黄等搭配，以清肺泻热，化痰止咳。凡老幼暴吐服药水止者，可与半夏、生姜同用，以加强止呕之功。

荸荠麦冬汤

材料：荸荠 100 克，冰糖适量，麦门冬 15 克。

做法：

① 麦门冬择净，荸荠去皮洗净后切片，和麦门冬一起放入锅内。

② 旺火煮沸后放入冰糖，小火煮至汤浓即可食用。

用法用量：每日服用两次。

功效：具有润肺养阴和生津除烦的作用，对于慢性支气管炎引起的口干口渴、心烦不眠、咳嗽和大便秘结等具有很好的疗效。

养生小语：荸荠是寒性食物，有清热泻火的良好功效，儿童和发烧的病人最宜食用。每次以十个左右为宜。

沙参煮兔肉

材料：兔肉 250 克，沙参 15 克，葱、姜、食盐、味精各适量。

做法：

① 兔肉洗净，开水

焯去血污，再用清水洗净，切成小块。

② 连同沙参一同放入锅中，加适量清水煮沸。

③ 放入葱、姜、食盐、味精等调味，煮至肉熟汤浓即成。

用法用量：每周可食用两三次。

功效：具有养胃生津和清养肺阴的作用，适合慢性支气管炎咽干口渴、干咳痰少、舌绛少津、劳嗽痰血、胃脘隐痛、食欲减少、大便干燥结块和小便短黄等症状的患者食用。

养生小语：兔肉在国外被称为"美容肉"，具有补中益气、滋阴养颜、生津止渴的作用，可长期食用，又不引起发胖，是肥胖者的理想食品。

芥菜猪肉丝

材料：瘦猪肉 150 克，芥菜叶 500 克，食盐、葱、姜、味精和料酒等各适量。

做法：

① 瘦猪肉洗净切丝勾芡，芥菜叶清洗干净。

② 锅中放适量清水，旺火煮沸后放进猪肉丝。

③ 猪肉快熟时放入调味料和芥菜叶，再煮沸一两次即可服用。

用法用量：每天服用一次。

功效：具有驱寒解表和宣肺豁痰的作用。适合慢性支气管炎的急性发作患者食用，对于慢性支气管炎引起的恶心呕吐、咳嗽痰稀、胸闷气憋、头身疼痛、胃脘冷痛等症状都有疗效。

养生小语：芥菜组织较粗硬，含有胡萝卜素和大量食用纤维素，故有明目与宽肠通便的作用，可作为眼科患者的食疗佳品，还可防治便秘，尤适于老年人及习惯性便秘者食用。

蛤蚧炖羊肉

材料：羊肉 500 克，蛤蚧 2 个，食盐、鸡粉、干姜和葱段等适量。

做法：

① 羊肉清洗干净，倒入开水焯去血污和腥臊，再用清水洗净，切块。

② 蛤蚧清洗干净，和羊肉一同放入锅中，加适量清水文火煮沸。

③ 放入调味料，煮至肉熟汤浓即可服食。

用法用量：每周食用两三次。

功效：具有补益肺肾和纳气平喘的功效，适合慢性支气管炎患者食用。

养生小语：蛤蚧可以补肺气，助肾阳，定喘嗽。用于肺肾两虚，纳气无力，久咳气喘，常与人参同用。

川贝蒸雪梨

材料：雪梨 2 个，贝母 5 克，白糖适量。

做法：

① 雪梨洗净削去核切块，贝母研磨成细粉。

② 将贝母和雪梨一起放入碗中，加入白糖隔水蒸熟即可食用。

用法用量：一天服用一剂。

功效：清热润肺、化痰止咳，适合慢性支气管炎患者食用，对于久咳，痰少咽燥，咳痰黄稠等症状有明显的辅助疗效。

养生小语：中医认为，秋令不养生，燥邪最容易伤人津液，引起咽干、鼻燥、声嘶、干咳、皮肤干燥等。在这一时期最好多吃雪梨、鸭梨，生食能够清火生津，熟食可滋阴润肺。

白胡煮瘦肉

材料：瘦猪肉250克，前胡和白前各10克，调味料适量。

做法：

① 将切好的猪肉和包有前胡和白前的药包放入锅中，加适量清水，煮至猪肉熟后，去除药包。

② 添加调味料，再煮沸一两次即可食用。

用法用量：每天服用一剂。

功效：具有降气、祛痰和止咳的功效，适合慢性喘息性支气管炎、咳嗽痰多而不爽、气逆喘促等症状的患者服用，具有很好的辅助治疗效果。

养生小语：前胡性微寒，味苦、辛。可以散风清热，降气化痰。用于风热咳嗽痰多、痰热喘满、咳痰黄稠。

燕窝百合蒸

材料：燕窝10克，百合30克，冰糖适量。

做法：燕窝泡发洗净，和百合及冰糖一起隔水蒸熟即可食用。

用法用量：每天服用一次。

功效：具有养阴润肺的功效，对于慢性支气管炎患者很有疗效，适合口干咽燥、心悸气促和干咳痰少等症状。

养生小语：燕窝含有大量的黏蛋白、糖蛋白、钙、磷等多种天然营养成分，有润肺燥、滋肾阴、补虚损的功效，有助于抵抗伤风、咳嗽和感冒。对吸烟和患有呼吸道疾病者最有效，是协助病后恢复健康的最佳营养品。

猪肺薏仁粥

材料：猪肺 500 克，粳米 100 克，薏仁 50 克，料酒、葱、姜、食盐、味精各适量。

做法：

① 将猪肺放入清水中，加入料酒煮至七成熟，捞出来切成丁。

② 然后和白米、薏仁一起煮，并放入葱、姜、食盐、味精等调味。

③ 旺火煮沸后改文火煨炖，粳米软烂后即可食用。

用法用量：可以作为家常饭食用。

功效：适合慢性支气管炎患者，具有很好的辅助疗效。

温馨提醒：

慢性支气管炎患者的日常调理。

（1）要注意预防感冒。感冒容易诱发慢性支气管炎的发作，预防感冒也就能有效预防慢性支气管炎的发生或急性发作。

（2）饮食要清淡，少吃辛辣刺激和油腻荤腥的食品，要戒烟多喝茶。

（3）采用腹式呼吸。腹式呼吸的具体方法是，吸气时腹部尽量鼓起来，呼气时腹部尽量凹下去。腹式呼吸能有效增加肺活量，促进和保持呼吸道通畅，对于减少慢性支气管炎的发作有良好作用。每天锻炼两三次，每次坚持 10 到 20 分钟。

（4）适当休息，坚持锻炼，避免过敏原，比如粉尘、一氧化碳、煤气等。这些过敏原会刺激支气管，诱发或者加重病情。

第四节

肺气肿和肺心病的食疗方法

肺气肿的发病原因目前没有确切的论断。引起慢性支气管炎的各种因素，比如大气污染、吸烟和感染、过敏、职业性粉尘和有害气体的长期吸入等，均可引起阻塞性肺气肿。肺气肿刚开始没有明显症状，很容易被忽视。但是它的危害性很大，容易对肺部和身体其他器官造成严重危害，患者万万不能掉以轻心。

肺心病是老年常见病，是肺源性心脏病的简称。其病变的三个阶段是慢性支气管炎反复发作，诱发阻塞性肺气肿的发生，最后导致肺心病。

1. 治疗肺气肿的常用药膳食疗方法

莱菔米粥

材料：粳米 100 克，莱菔子（萝卜子）15 克。

做法：将莱菔子研末，和粳米一同煮粥。

用法用量：早晚温热食用。

功效：具有化痰平喘，行气消食的作用，对于老年慢性气管炎、肺气肿有明显疗效。

养生小语：莱菔子和人参相冲相克，所以服用此药膳期间不能服用人参。

党参炖排骨

材料：猪排骨 200克，党参和薏仁各 30克，山药 15 克，调味料适量。

做法：

① 猪排骨清洗干净，倒入开水中焯去血污和腥臊，再用清水洗净切块。

② 将薏仁、党参、山药和排骨一同煮成汤，加适量调味料即可。

用法用量：随量食用。

功效：具有益肺补肾、健脾祛湿的作用，适合肺气肿患者食用，对胸闷气憋、动则气促等症状有很好的辅助疗效。

养生小语：党参的作用比人参弱，但功能基本相似，且价格远比人参低，所以除病情危急者外，一般都可用党参代替人参。

玉竹白糖汁

材料：玉竹 250 克，白糖 300 克。

做法：

① 玉竹洗净后煎汁，20 分钟后取第一道汁，连续煎三道汁。

② 将三道汁合并一起，用小火煎熬至浓稠，加入白糖调匀即可饮用。

用法用量：白开水冲服，每天饮用三次，每次 10 克。

功效：具有补肺、强心的效果，适合肺气肿、肺心病患者食用，具有很好的辅助疗效。

养生小语：现代医学研究证实，玉竹还有降血糖作用，具有润泽皮肤、消散皮肤慢性炎症和治疗跌伤扭伤的功效。

川贝鲤鱼粥

材料：鲤鱼 1 条（中等大小），白米 15 克，川贝 10 克，杜仲 15 克。

做法：

① 鲤鱼去鳞去杂洗净，杜仲煎汁，川贝研磨成碎末。

② 将白米放入杜仲汁中，加入鲤鱼一同煮熟，放入川贝末，调味料调味即可食用。

用法用量：随意服用。

功效：具有温肾纳气的疗效，适合肺气肿、肺心病患者食用。

养生小语：鲤鱼和米醋是最佳饮食搭配。鲤鱼有除湿消肿的功效，米醋也有利湿的功能，两者同食利湿效果更好。

温馨提醒：

肺气肿患者的日常调理。

（1）要多吃易于消化的软烂食品，多吃蔬菜，最好每天吃一点洋葱和大蒜。晨起服用一茶匙纯的低温压缩橄榄油，能有效排除身体毒素。

（2）避免食用容易产生气体的食品。甘蓝菜和豆类食品食后容易产生胀气，要避免食用。

（3）尽量少吃盐，辛辣食品也要少吃，肉、蛋、乳制品、加工食品、垃圾食物、白面粉食品等都应少吃。

2. 治疗肺心病的常用药膳食疗方法

苏子粳米粥

材料： 粳米 100 克，苏子 12 克碎，冰糖适量。

做法： 粳米清洗干净，苏子洗净捣碎，将上述材料一起放入锅内，旺火煮沸后转用文火煮成粥。

用法用量： 每天早晚温热服用。

功效： 具有健脾燥湿、化痰止咳的作用，十分适合肺心病患者食用，具有很好的辅助疗效。

养生小语： 苏子有紫苏和白苏之分，紫苏多为药用，白苏既可食用也可榨油。

牛肺糯米汤

材料： 牛肺 150～200 克，糯米适量，生姜汁 15 毫升。

做法：

① 牛肺洗净，倒入沸水焯去血污和腥臊，切成小块，糯米淘洗干净。

② 将牛肺和糯米一同放入锅中用小火焖熟，放入生姜汁拌匀即可服用。

用法用量： 随量服用。

功效： 对于肺心病患者很有疗效。

养生小语： 牛肺味咸，性平，有补肺止咳的作用，治肺虚咳嗽。与香菇同食是最佳食物搭配，牛肉是温补性肉类，香菇富含核糖核酸、多糖等，易被人体消化和吸收，两者搭配适合胃弱者食用。

南杏核桃汁

材料： 南杏仁 15 克，核桃肉 30 克，生姜和蜂蜜适量。

做法：

① 南杏仁捣碎，生姜洗净榨汁，核桃肉捣烂。

② 将核桃仁、生姜汁南杏仁一起搅匀，加入蜂蜜炖服。

用法用量： 随量食用。

功效： 具有温中化痰、补肾纳气的作用。适合肺心病患

者食用。

养生小语：甜杏仁称南杏，苦杏仁称北杏。南杏性微温，味苦、辛；北杏性微温，味甘、辛。两者均有止咳平喘的作用，南杏则长于补肺润燥止咳喘，而北杏则长于宣降肺气而止咳喘。

瓜蒌芝麻煎

材料：瓜蒌13克，生姜和黑芝麻各15克。

做法：将三种材料用水煎汁。

用法用量：每天服用一剂。

功效：具有润肺清肺、温中化痰的作用。对于老年性肺心病患者有明显疗效。

养生小语：食用瓜蒌籽能提高肌体免疫功能，对离体绒癌细胞增殖和艾滋病毒具有强烈的抑制作用。同时还有瘦身美容之功效。

温馨提醒：

肺心病患者的饮食禁忌。

（1）戒烟戒烈酒。吸烟能增加肺心病患者的心脏负担，刺激器官致使咳嗽加剧，加重病情。烈酒容易引起肺心病患者心悸等症状发生。

（2）不要饮用咖啡和浓茶，以免刺激人体，导致兴奋、心跳加快，增加心肌的耗氧量，影响患者休息。

（3）控制食盐的摄取量。肺心病人的右心室肥大，摄取盐分过多会加重右心负担，加重肺心病患者的病情。

（4）少吃辛辣食品和油炸油腻食品，不要吃腥膻发物（容易诱发疾病的食品），比如橡皮鱼、黄鱼、带鱼、鳗鱼、黑鱼、虾、蟹等。

（5）不要吃生冷寒凉的食品。

第五节

肺炎的食疗方法

由病毒或者有害细菌引起的急性肺细胞发炎称之为肺炎。肺炎的具体表现症状为呼吸急促，发高烧，长时间干咳，有些患者还有单边胸痛、深呼吸胸痛和咳嗽胸痛，有小量痰或大量痰，某些患者痰液中含有血丝。

肺炎分为病毒性肺炎和细菌性肺炎，细菌性肺炎使用适当的抗生素治疗后，一般一星期到十天都可痊愈。病毒性肺炎的病情相比较轻，一般在六七天内可自愈。

肺炎常用的药膳食疗方法如下。

芦花桑菊茶

材料： 干品芦根30克（新鲜芦根60克），杏仁6克，金银花21克，桑叶和菊花各9克，蜂蜜适量。

做法： 将芦根等五味药材煎汁后滤渣取汁，加入蜂蜜搅拌均匀即可食用。

用法用量： 可代茶饮。

功效： 具有清肺热的作用。适合肺炎患者饮用。

养生小语：采集金银花需在晴天清晨露水刚干时摘取，并实时晾晒或阴干，这样药效才佳。

马齿苋米粥

材料：粳米 50 克，马齿苋 30 克。

做法：粳米淘洗干净，马齿苋洗净切碎，一同煮粥。

用法用量：每天服一两次。

功效：具有清热、凉血、解毒的作用，能有效抑制多种细菌，作为肺炎的辅助治疗效果显著。

养生小语：马齿苋对大肠杆菌、痢疾杆菌、伤寒杆菌等均有较强的抑制作用，特别是对痢疾杆菌的作用很强，所以马齿菜适宜患有急、慢性痢疾、肠炎患者食用。

当归羊肉粥

材料：羊肉 100 克，白米 50 克，当归 15 克，生姜 50 克。

做法：

① 羊肉洗净，倒入开水焯去血污和腥臊，切片。

② 白米淘洗干净，当归洗净煎汁，生姜洗净切片。

③ 羊肉、白米和姜片一同煮粥，等到粥快要熟的时候加入当归汁，搅匀煮沸即可。

用法用量：早晚饭前服用。

功效：具有养肺平喘、增热抗寒的功效，适合肺炎患者食用。

养生小语：此粥在春夏两季不宜食用。

石芦金银粥

材料：粳米 100 克，冰糖 30 克，竹菇 9 克，生石膏、芦根、鱼腥草和金银花各 30 克。

做法：粳米淘洗干净，将上述中药材煎汁滤渣，粳米放入药液中加适量水煮粥，放入冰糖搅匀后即可。

用法用量：分两次服用。

功效：具有清热养肺的良好功效。适合肺炎患者食用。

养生小语：生嚼鱼腥草根茎能缓解冠心病的心绞痛。

温馨提醒：

肺炎患者的饮食禁忌。

（1）不要吃油炸油腻食品和生冷瓜果，多吃易于消化的发酵面食。

（2）不要吃辛辣刺激性食品。

（3）忌用能够引起人体精神兴奋的饮食，比如咖啡和浓茶等。

（4）肺炎患者要少吃下列食品：萝卜、海蛰、橘子、乌梅、龙眼肉、鲥鱼、柑、樱桃、白果、胡椒、狼肉、野鸭肉、酒、白糖。

第六节

肺结核的食疗方法

肺结核俗称"肺痨"，是结核病菌侵入肺部而导致的一种传染病。主要发病症状为食欲不振、低热乏力、盗汗、体重减轻、咳嗽以及少量咯血。大多数肺结核病患者没有明显症状，需要经过检查后才能发现。肺结核多发于 15 岁到 35 岁的青少年。

肺结核的膳食食疗方法如下。

银耳豆浆

材料：银耳 3 个，豆浆 500 克，鸡蛋 1 个，白糖适量。

做法：

① 银耳泡发洗净，鸡蛋打破搅匀。

② 将豆浆和银耳同煮，煮沸时放进鸡蛋，加白糖即可。

用法用量：每天一次，连续服用半个月。

功效：对于结核病有良好的辅助疗效。

养生小语：豆浆里有五种抗癌物质，特别是异黄酮专门预防、治疗乳腺癌、直肠癌、结肠癌。

黄精山药粥

材料： 黄精、山药和百合各 30 克。

做法： 上述材料一同煮粥。

用法用量： 每天一次。

功效： 具有补肺健脾的作用，适合肺结核病人食用。

养生小语： 黄精粗制液对足癣、腰癣都有一定疗效，尤以对足癣的水疱型及糜烂型疗效最佳。

黄精米粥

材料： 粳米 100 克，黄精 30 克，白糖适量。

做法：

① 粳米淘洗干净，黄精煎浓汁。

② 将粳米放进黄精汁液中，加适量水煮粥，粥成后加入白糖即可。

用法用量： 随量食用。

功效： 对于肺结核咯血症状有疗效，同时适合干咳无痰、身体疲倦无力、脾胃虚弱、食欲不佳等症状。

养生小语： 取黄精经蒸晒干燥，洗净，切碎，加水五倍，用文火煎熬二十四小时，滤去渣，再将滤液用文火煎熬，不断搅拌，待熬成浸膏状，冷却，装瓶备用。可以治疗肺结核。

草汁冲鸡蛋

材料： 鸡蛋 1 个，鱼腥草 50 克。

做法：鸡打破搅匀，鱼腥草煎浓汁，用滚开的鱼腥草汁液冲服生鸡蛋。

用法用量：一天一剂，连用半个月。

功效：对于肺结核患者咳脓血臭痰有良好的辅助疗效。

养生小语：鱼腥草微寒，肺痈宜服，熏洗痔疮，可以消肿解毒。

蚤休炖猪肺

材料：猪肺1个，蚤休60克，食盐适量。

做法：

① 猪肺洗净，倒入开水焯去腥臊，切碎。

② 将猪肺和蚤休一起用文火炖烂，放入食盐调味即可。

用法用量：吃肉喝汤，两三天吃完。

功效：对于肺结核所引起的久咳、喘息、痰多等症状有疗效。

养生小语：蚤休味苦辛，性寒，有毒。如果发生中毒现象，就用以下解救之法：用甘草五钱先煎水，后与白米醋、生姜汁各二两混合，一半含漱，一半内服。

粳米沙参粥

材料：粳米50克，北沙参15克，冰糖适量。

做法：

① 粳米淘洗干净，北沙参捣碎。

② 将粳米和北沙参放入砂锅，添加冰糖，加水 500 毫升煮粥。

③ 将粥煮熟烂，汤上面浮上一层油为宜。

用法用量：分早晚两次温服。

功效：适合肺结核患者服用。

养生小语：北沙参滋阴作用较强，南沙参滋阴效力较弱而兼有祛痰作用。因而肺脏有病，出现咳嗽，干咳无痰者，多用南沙参；胃腑有病，表现津液缺少，口干舌燥，口渴者，常用北沙参。

芪豆炖红枣

材料：红枣 10 枚，黄芪、黑豆各 30 克。

做法：上述材料一同放入砂锅煮至汤水将干。

用法用量：分早晚两次服用。

功效：对于肺结核引起的盗汗症状有明显疗效。

养生小语：红枣中含量丰富的环磷酸腺苷、儿茶酸具有独特的防癌降压功效，故红枣是极佳的营养滋补品。

花生猪肺汤

材料：猪肺 1 个，花生米 100 克，黄酒 2 匙。

做法：

① 猪肺洗净，倒入开水焯去腥膜后切块。

② 花生米洗净和猪肺一同入锅，小火慢炖一个小时。

③ 撇去浮沫，加入黄酒两匙，再用小火炖一个小时即可。

用法用量：每天吃两次，每次吃一大碗，吃肉喝汤吃花生米。

功效：对于肺燥咳嗽带血症状的肺结核有明显疗效。

养生小语：花生在地里生长时，其外壳多被病菌或寄生虫卵污染，生食时很容易受其感染而患各种疾病。

地骨皮炖老鸭

材料：老鸭1只，地骨皮20克，生姜3片，食盐、鸡粉、葱等调味料各适量。

做法：

① 老鸭去毛、去内脏洗净，用开水焯去血污再用清水洗净。

② 地骨皮和生姜用纱布包好。

③ 将上述材料一起入锅，加适量清水煮炖，老鸭熟后去药包，加入调味料即可食用。

用法用量：随量食用。

功效：具有滋阴润肺，凉血止咳的功效，对于肺结核肺阴亏损，手心足心发烧、干咳、咳声短促、痰中有时带血等症状有很好的辅助治疗效果。

养生小语：用老而肥大之鸭同海参炖食，具有很大的滋补功效，炖出的鸭汁善补五脏之阴和虚痨之热。

白芨童子鸡

材料：童子鸡1只（中等大小），白芨、天冬、炙百部、蜜百合、贝母各 30 克。

做法：

① 童子鸡去毛去内脏洗净，用开水焯去血污后再洗净。

② 中药用纱布包好，放入鸡肚中。

③ 将童子鸡入锅炖煮，鸡熟后去除药包。

用法用量： 食肉喝汤，每星期吃一次，三个月为一个疗程，连续食用两三个疗程。

功效： 具有补肺养精的作用，适合肺结核患者食用。

养生小语： 鸡肉对营养不良、畏寒怕冷、乏力疲劳、月经不调、贫血、虚弱等有很好的食疗作用。可以发挥温中益气、补虚填精、健脾胃、活血脉、强筋骨的功效。

鲜菇乳鸽

材料： 香菇 30 克，乳鸽 2 只，枸杞 10 克，山药 100 克，银杏 100 克。姜片、料酒、葱段、精盐和鸡粉等适量。

做法：

① 乳鸽去毛、去内脏、去爪子、去翼尖，洗净后倒入开水焯去血污。

② 将上述材料一起放入砂锅中，加入姜片、料酒、葱段、精盐和鸡粉等调味。

③ 小火慢炖两小时，去

掉葱、姜即可。

用法用量： 食肉喝汤，随量食用。

功效： 具有益精补虚、润肺降火的作用，对于肺结核所引起的干咳少痰、手心足心发烧以及颧红目赤等症状有明显疗效。

养生小语： 香菇菌盖部分含有双链结构的核糖核酸，进入人体后会产生具有抗癌作用的干扰素。

芭蕉猪肺汤

材料： 芭蕉花 60 克，猪肺 250 克，生姜 3 片，调味料适量。

做法：

① 猪肺放入清水中煮沸，撇去浮沫后，放入芭蕉花、生姜及调味料。

② 猪肺煮至熟烂后，即可放入食盐、鸡粉调味服用。

用法用量： 随量服用。

功效： 具有滋阴清热、清津降火的作用，对于肺结核有明显的治疗效果。

养生小语： 芭蕉花味甘淡、微辛，性凉。具有化痰软坚、平肝、和瘀、通经的功效。凡火旺泄精、阴虚水乏、小便不利、口舌干燥者皆禁用。

饮食禁忌： 芭蕉花忌鱼、羊肉、生冷食品、蛋、蒜。

燕窝猪肝

材料： 燕窝 10 克，猪肝 150 克，虫草 5 克，猪油、葱、姜、花椒适量。

做法：

① 燕窝泡发洗净，猪肝洗净切片。

② 锅内清水煮沸后，放入猪油和葱、姜、花椒，再次煮沸后放入猪肝、燕窝和虫草。

③ 熟后放入鸡粉和食盐调味即可食用。

用法用量：每天服用一剂。

功效：具有养阴润肺的作用，适用于肺结核患者。

养生小语：燕窝的性质较平淡，既不促热，也不滋阴，由于对皮肤有益，皮肤又和肺相表里，因此比较适合肺部有疾患的人。

温馨提醒：

肺结核病人的饮食宜忌。

肺结核病人只要注意饮食平衡和营养搭配，一般情况下不需要忌口。但是肺结核病人在化疗期间，需要进食高蛋白质、高热量和富含维生素、微量元素的食品。值得注意的是肺结核病人在选取高营养食品的同时，注意要选择清淡食品，不要食用过多甘肥油腻的饮食。

（1）适合肺结核病人在化疗期间进食的食品有蛋类、乳品、瘦肉、老母鸡、蜂蜜、花生、莲子、百合、红枣、栗、梨、柿、芝麻、橘、青菜、冬瓜、藕、番茄、胡萝卜、萝卜、豆类、豆制品、鳗鱼、鳖、乌龟、黑鱼、鸭蛋、鸭、银耳、甘蔗、菱、黑木耳、海蜇皮、山药、豆浆、香蕉、梨、西瓜等。

（2）辛辣食品能诱发痰液的生成和体内火气，所以要少吃或者不吃，比如葱、韭、洋葱、辣椒、胡椒、姜、八角及油煎和干烧等品。

（3）从烹饪手法而言，肺结核患者更宜食用蒸、煮、炖、烫等烹饪方法做成的食品，而不宜食用煎、炸、爆、烩、炙、炒等烹饪方法做成的食品。

（4）肺结核患者在服用一些抗结核药时，不要食用以下食品：茄子、菠菜、牛奶和某些鱼类（包括无鳞类的鱼、不新鲜的海鱼和淡水鱼。无鳞鱼包括鲔鱼、鲭鱼、马条鱼、竹荚鱼、鱿鱼、沙丁鱼等；不新鲜的海鱼如带鱼、黄花鱼等；淡水鱼如鲤鱼等）。